科學少年學習誌　　　　編／科學少年編輯部

科學閱讀素養
生物篇 1

遠流

科學閱讀素養 生物篇 1　目錄

課程連結表

文章主題	文章特色	搭配108課綱（第四學習階段 — 國中）	
		學習主題	學習內容
是好醣還是壞醣？	介紹日常生活中不可或缺的六大營養之一。除了介紹醣類的分類外，還說明我們在飲食中應該如何選擇食物來源，才能維持身體健康。	地球環境（F）：生物圈的組成（Fc）	Fc-Ⅳ-2組成生物體的基本層次是細胞，而細胞則由醣類、蛋白質及脂質等分子所組成，這些分子則由更小的粒子所組成。
小種子大世界	對種子做了詳細介紹，小小的種子對人類影響極為深遠，透過對種子構造及特性的了解，重新認識蘊含在種子中意想不到的力量。	生物體的構造與功能（D）：動植物體的構造與功能（Db）	Db-Ⅳ-6植物體根、莖、葉、花、果實內的維管束具有運輸功能。 Db-Ⅳ-7花的構造中，雄蕊的花藥可產生花粉粒，花粉粒內有精細胞；雌蕊的子房內有胚珠，胚珠內有卵細胞。
		演化與延續（G）：生殖與遺傳（Ga）	Ga-Ⅳ-6孟德爾遺傳研究的科學史。
種子的旅行	對種子的傳播做了詳細的介紹，透過對種子特徵及構造與種子旅行的關係，重新認識種子的傳播，了解植物生存及演化上的意義。	生物體的構造與功能（D）：動植物體的構造與功能（Db）	Db-Ⅳ-7花的構造中，雄蕊的花藥可產生花粉粒，花粉粒內有精細胞；雌蕊的子房內有胚珠，胚珠內有卵細胞。
大地的寶藏——珍貴卻不昂貴的化石	對化石以及其在生物演化歷程上的價值做了深入的介紹，可以做為科學導讀的教材。	演化與延續（G）：演化（Gb）	Gb-Ⅳ-1從地層中發現的化石，可以知道地球上曾經存在許多的生物，但有些生物已經消失了，例如：三葉蟲、恐龍等。
		地球的歷史（H）：地層與化石（Hb）	Hb-Ⅳ-1研究岩層岩性與化石可幫助了解地球的歷史。
你吃的是植物的生殖器官嗎？	從植物的營養器官與生殖器官的問答遊戲，進而談到花的構造，以及草莓、鳳梨、花生等特殊果實，最後說明植物有性生殖與無性生殖的方法與利弊得失。	生物體的構造與功能（D）：動植物體的構造與功能（Db）	Db-Ⅳ-6植物體根、莖、葉、花、果實內的維管束具有運輸功能。 Db-Ⅳ-7花的構造中，雄蕊的花藥可產生花粉粒，花粉粒內有精細胞；雌蕊的子房內有胚珠，胚珠內有卵細胞。
血液裡的祕密	提到血漿與血球的成分，溶液的觀念及細胞交換物質的機制；如果將細胞視為個人或家庭，那所需物質快速取得的方式，是多細胞生物演化幾億年的成果。	生物體的構造與功能（D）：動植物體的構造與功能（Db）	Db-Ⅳ-2動物體（以人體為例）的循環系統能將體內的物質運輸至各細胞處，並進行物質交換。並經由心跳、心音及脈搏的探測，以了解循環系統的運作情形。
昆蟲終結者——肉食植物	對肉食植物做了清楚的介紹，讓大家充分了解多種肉食植物的捕蟲構造與特色，其中也提到二齒豬籠草與弓背蟻的互利共生特殊案例。	生物體的構造與功能（D）：動植物體的構造與功能（Db）	Db-Ⅳ-6植物體根、莖、葉、花、果實內的維管束具有運輸功能
		生物體的構造與功能（D）：生物體內的恆定性與調節（Dc）	Dc-Ⅳ-5生物體能覺察外界環境變化、採取適當的反應以使體內環境維持恆定，這些現象能以觀察或改變自變項的方式來探討。

導讀

科學 × 閱讀二

閱讀是人類學習的重要途徑，自古至今，人類一直透過閱讀來擴展經驗、解決問題。到了 21 世紀這個知識經濟時代，掌握最新資訊的人就具有競爭的優勢，閱讀更成了獲取資訊最方便而有效的途徑。從報紙、雜誌、各式各樣的書籍，人只要睜開眼，閱讀這件事就充斥在日常生活裡，再加上網路科技的發達便利了資訊的產生與流通，使得閱讀更是隨時隨地都在發生著。我們該如何利用閱讀，來提升學習效率與有效學習，以達成獲取知識的目的呢？如今，增進國民閱讀素養已成為當今各國教育的重要課題，世界各國都把「提升國民閱讀能力」設定為國家發展重大目標。

另一方面，科學教育的目的在培養學生解決問題的能力，並強調探索與合作學習。近年，科學教育更走出學校，普及於一般社會大眾的終身學習標的，期望能提升國民普遍的科學素養。雖然有關科學素養的定義和內容至今仍有些許爭議，尤其是在多元文化的思維興起之後更加明顯，然而，全民科學素養的培育從 80 年代以來，已成為我國科學教育改革的主要目標，也是世界各國科學教育的發展趨勢。閱讀本身就是科學學習的夥伴，透過「科學閱讀」培養科學素養與閱讀素養，儼然已是科學教育的王道。

對自然科老師與學生而言，「科學閱讀」的最佳實踐無非選擇有趣的課外科學書籍，或是選擇有助於目前學習階段的學習文本，結合現階段的學習內容，在教師的輔導下以科學思維進行閱讀，可以讓學習科學變得有趣又不費力。

素養＋樂趣！

撰文／陳宗慶

我閱讀了《科學少年》後，發現它是一本相當吸引人的科普雜誌，更是一本很適合培養科學素養的閱讀素材，每一期的內容都包括了許多生活化的議題，涵蓋了物理、化學、天文、地質、醫學常識、海洋、生物……等各領域有趣的內容，不但圖文並茂，更常以漫畫方式呈現科學議題或科學史，讓讀者發覺科學其實沒有想像中的難，加上內文長短非常適合閱讀，每一篇的內容都能帶著讀者探究科學問題。如今又見《科學少年》精選篇章集結成有趣的《科學閱讀素養》，其內容的選編與呈現方式，頗適合做為教師在推動科學閱讀時的素材，學生也可以自行選閱喜歡的篇章，後面附上的學習單，除了可以檢視閱讀成果外，也把內文與現行國中教材做了連結，除了與現階段的學習內容輕鬆的結合外，也提供了延伸思考的腦力激盪問題，更有助於科學素養及閱讀素養的提升。

老師更可以利用這本書，透過課堂引導，以循序漸進的方式帶領學生進入知識殿堂，讓學生了解生活中處處是科學，科學也並非想像中的深不可測，更領略閱讀中的樂趣，進而終身樂於閱讀，這才是閱讀與教育的真諦。 🄯

作者簡介

陳宗慶　國立高雄師範大學物理博士，高雄市五福國中校長，教育部中央輔導團自然與生活科技領域常務委員，高雄市國教輔導團自然與生活科技領域召集人。專長理化、地球科學教學及獨立研究、科學展覽指導，熱衷於科學教育的推廣。

是好醣還是壞醣？

好醣讓你健康成長，壞醣
使你變胖，但好醣、壞醣
該怎麼分呢？

撰文 / 席尼

繪圖：粗心小王子

你 今天早餐吃了什麼呢？是饅頭夾蛋、烤吐司、蛋餅還是漢堡？再配上一杯飲料，也許是紅茶、奶茶、豆漿或牛奶。不管吃什麼，都是為了獲得維持人體生理機能的營養素。在每日獲得的營養素中，占最多的就屬「醣類」了，高達一日總熱量的五成以上。

什麼是醣？

「醣類」指的可不是糖果喔！醣類又稱為碳水化合物，是一大群化合物的總稱，由碳跟水組合而成，因此分子式可以寫成 $C_n(H_2O)_n$。不過，後來發現有些糖並不符合這個規則，如鼠李糖（$C_6H_{12}O_5$）；也有符合規則但卻不能算是醣類的情形，如甲醇

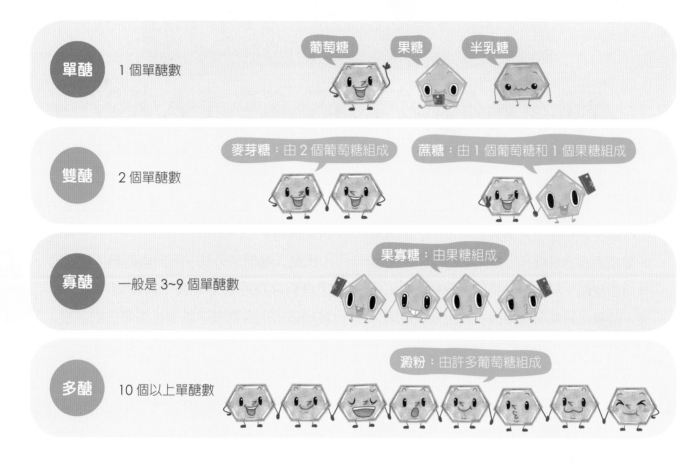

單醣	1 個單醣數	葡萄糖　果糖　半乳糖
雙醣	2 個單醣數	麥芽糖：由 2 個葡萄糖組成　　蔗糖：由 1 個葡萄糖和 1 個果糖組成
寡醣	一般是 3~9 個單醣數	果寡糖：由果糖組成
多醣	10 個以上單醣數	澱粉：由許多葡萄糖組成

（CH₃OH）。

　　碳水化合物的種類非常多，依據單醣數目的多寡可以分成單醣、雙醣、寡醣和多醣，共四大類。雙醣以上的碳水化合物由各式各樣的單醣以不同的位置鍵結而成，像是蔗糖是由葡萄糖與果糖二個單醣組成、果寡糖由數個果糖連結，澱粉與肝糖均由許多的葡萄糖構成，差別在於鍵結方式不同。

　　人體細胞活動時所需的能量來源，主要是靠分解葡萄糖而獲得。因此我們必須從食物中攝取澱粉，澱粉經消化後轉變成葡萄糖，再藉由血液循環運送給全身細胞利用。碳水化合物除了做為能量來源的重大用途外，在免疫、遺傳、生長、血液凝固……等也都扮演重要的角色，也就是說，要維持全身生理機能的正常運作，每天攝取碳水化合物是必須的。

葡萄糖、肝糖變變變

　　雖然細胞能直接利用葡萄糖來代謝產生能量，但如果體內的葡萄糖多於當下的身體需求呢？

　　就跟我們賺錢一樣，暫時用不到的就拿去銀行存起來，同樣的，人體會把多出來的葡萄糖以脂肪或是肝糖的形式貯存起來。肝糖合成的過程中，葡萄糖分子的相互連結會脫去水，在接成大分子後，可以再進一步摺疊，如此便可節省空間，而且分子結構也相

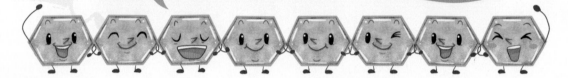

纖維素：和澱粉一樣也是由許多葡萄糖組成的，但葡萄糖間連結的方式與澱粉不同，人體腸道的消化酵素無法將我們分解。

對穩定，是很適合貯存的形態。

肝糖主要貯存在肝臟與肌肉中，不過只有肝臟細胞能把肝糖再分解成葡萄糖，供給全身細胞使用；肌肉細胞將肝糖分解成葡萄糖後，並無法將葡萄糖轉送給其他細胞使用，因此貯存在肌肉中的肝糖只能靠運動，由肌肉細胞自己消耗掉。

無法消化的碳水化合物：纖維素

碳水化合物種類非常多，但不是所有的碳水化合物人體都能利用。蔬菜與水果中富含的纖維素也是碳水化合物，由葡萄糖所組成。只不過，纖維素中的葡萄糖鍵結方式是人體腸道消化酵素無法分解的類型，因此小

腸細胞只能默默看著纖維素裡的葡萄糖從眼前漂過。

即使人體無法分解、利用纖維素，纖維素還是有很重要的功能喔！纖維素可以減緩其他碳水化合物被小腸消化或吸收的速度，避免血糖一下子上升得太快，可以減少罹患第二型糖尿病的風險。此外，纖維素還能刺激腸胃蠕動，增加糞便的體積，讓你沒有便祕的困擾呢！

碳水化合物的好壞區分

現代人肥胖盛行，造就減肥的需求大增，而一些減重的招數也因而蓬勃發展。碳水化合物占了我們每日獲取總熱量的一半左右，因此大夥就把焦點放在它身上了，它的名聲變得相當搖擺。有人說飲食中的碳水化合物是導致肥胖的元兇，也有人說碳水化合物是有益健康的營養素，還能降低罹患慢性疾病的風險，到底是怎麼一回事？

碳水化合物究竟是好，還是壞呢？

答案是：二者都是。儘管答案有點曖昧，但幸好要分辨它們的好與壞還滿容易的。好的碳水化合物富含纖維，如全穀類、蔬菜、水

我有問題！

你在減肥，不是不能吃碳水化合物嗎？

減肥也不能完全不吃碳水化合物喔！碳水化合物中的葡萄糖是維持細胞活動的主要原料，一旦缺乏，身體除了會改分解脂肪或肝糖來提供能量外，也會分解肌肉中的蛋白質。雖然一開始體重能快速減少，但減掉的大多是水分與肌肉組織。至於脂肪嘛～當生活恢復正常後，如果沒有養成運動的習慣，失去的體重大多會以脂肪的形式補回來。而且，我才沒有在減肥咧！

果與豆類食物都屬於好的碳水化合物；壞的碳水化合物指的是精製穀類和加工去除纖維的碳水化合物，如白麵包、白米與添加糖，因為它們除了缺少纖維外，在精製的過程中，重要的維生素與礦物質也被去除了。

碳水化合物的功與過

美國國家科學院醫學所建議，人們在飲食中應著重攝取更多富含纖維的好碳水化合物。根據這份報告的資訊彙整成以下三點：

1. 要將罹患慢性病風險降到最低，成人一日的能量攝取中應有 45~65% 來自碳水化合物、20~35% 來自於脂質，而 10~35% 來自蛋白質，青少年也可依此比例攝取。

2. 攝取纖維的唯一方法 —— 吃植物食物。水果與蔬菜等植物是很優質的碳水化合物來源，它們含有豐富的纖維。

3. 研究證實低纖飲食會增加心臟疾病的罹患風險，還有些證據支持飲食中的纖維可以幫助預防結腸癌，也能幫助控制體重。

從國民營養調查得知，目前臺灣有九成以上的人纖維攝取不足，纖維平均攝取量比建議攝取量 25 公克還少 10 公克左右，為了維持健康，我們得想辦法多從食物中攝取纖維，以下提供三個小祕訣：

1. 吃大量的蔬菜與水果。每天只要吃五份水果與蔬菜（一份約 100 克）就能讓我們攝取到 10 公克以上的纖維，

當然依選擇的蔬果不同，纖維量會有所差異。

2. 飲食中包含豆類與豆製品。半杯煮熟的豆類就能提供 4~8 公克的纖維。

3. 盡量選擇全穀類食物。

相較以往，臺灣人糖愈吃愈多是毋庸置疑的事實。試想一下，你是不是幾乎每天一杯飲料、常常吃甜點呢？這些食物中所含的壞碳水化合物熱量其實都不低，輕易就能超過一日攝取總熱量的 10%，使體重快速增加，直到有天胖了才發現大事不妙。還記得過多的糖會轉變成脂肪與肝糖嗎？肝糖會隨著肌肉的增加與鍛鍊而擴增貯存量，反之，脂肪不太需要付出辛勞就能增加，因此運動量不足時，過多的糖大多會以脂肪的方式貯存，這正是現代人肥胖的根本問題。

含有碳水化合物的食物本身沒有好與壞的分別，最重要的是要在對的時機吃對的食物，切合身體的需求。即使是屬於壞碳水化合物的糖、精製穀類與澱粉等，在身體缺乏能量時，便能發揮快速提供葡萄糖、補充能量的功用。不過對大多數人來說，比較理想的碳水化合物是未加工或是低度加工的全穀類食物，這些食物中就含有天然的糖，例如水果中的果糖或牛乳中的乳糖，已不需要額外再補充糖分了。 ㊢

作者簡介

席尼　本名江奕賢，本業是營養師，因成立「營養共筆」部落格而聞名。著有《營養的迷思》、《營養的真相》等書。

是好醣還是壞醣？

國中自然教師　劉璿

關鍵字：1. 醣類　2. 血糖　3. 呼吸作用

主題導覽

在我們飲食中，有許多都是醣類，我們的身體是如何吸收這類的養分呢？首先當這類的食物，諸如米飯、麵、麵包、包子等，大部分是屬於醣類中的澱粉，進入口中時，我們的唾腺就會分泌唾液，唾液中有個很重要的物質——澱粉酶，會先將此類食物進行初步的分解，使澱粉分解為麥芽糖。接著這些被初步分解的醣類，會藉由食道進入胃，但在胃中無法進一步被消化，必須進入小腸系統才能再次被消化。

當醣類進入小腸時，會有二種消化腺：腸腺、胰腺，分泌有關醣類的消化液，將未消化完畢的雙醣類及多醣類，如麥芽糖、乳糖及蔗糖等，完全分解成單醣——葡萄糖、果糖或半乳糖。小腸除了將這些醣類完全分解外，還會進一步的將消化後的單醣吸收，吸收的方式是藉由在小腸表層細胞進行特殊的運送機制，譬如滲透作用及主動運輸，才能進入微血管，並運送至目的地。

為何需要醣類？

當葡萄糖進入血液，我們稱為血糖，那血糖又有什麼作用呢？此時，身體內分泌系統中的胰島會分泌胰島素，促進細胞將血糖進行二種利用方式。第一種是，在肝臟或肌肉細胞會將血糖轉換成肝糖，並儲存起來以備不時之需。譬如當我們的血糖降到某一程度時，身體就會發出訊息，此時胰島就會分泌升糖素，使一部分肝糖再次轉換為葡萄糖（血糖），以維持身體的機能。

另一種方式則是細胞會用血糖進行呼吸作用，發生的位置大多是在肌肉細胞，其反應式為葡萄糖（血糖）＋氧氣→水＋二氧化碳＋能量，所以當我們在大量運用肌肉時，譬如一場激烈的籃球賽，就會使用大量血糖及氧氣，也會同時產生大量的二氧化碳及熱；或是遇到緊急狀況時，例如走在路上，不知道從哪裡冒出來的狗追著你跑，此時你要快速跑走，就必須要有大量的血糖進行呼吸作用。為了應付臨時需要大量的血糖，身體的腎上腺會促使分泌腎上腺素，迅速的將肝糖轉變為葡萄糖（血糖）。

因此，瞭解醣類是身體能量的主要來源之後，千萬不要怕肥胖就不吃醣類食物，只要吃適當的量，不超過身體所需，就不會有過多的醣類轉變成肝糖儲存、堆積在身體裡。若覺得你吃的醣類過多時，想要快點消耗掉，最快也是最好的方法就是——養成運動的習慣。

醣類如何分類？

醣類又稱碳水化合物，大部分醣類的分子式可以寫成 $C_n(H_2O)_n$，種類非常多，但無法僅用這個分子式來判斷是不是醣類。根據單醣連接的數量，可將醣類分成四類：

1. 單醣：其分子式可以寫成 $C_6(H_2O)_6$，常見的有葡萄糖、果糖、半乳糖，這都是我們人體可以吸收的醣類，這三種最大的差別在於，分子的形狀及結構有所不同，如葡萄糖及半乳糖內部會連接形成類似六邊形的形狀，而果糖則是類似五邊形的形狀。

2. 雙醣：此類醣類是由二個單醣連結並經過脫水作用後而得，其反應式：單醣＋單醣→雙醣＋水〔$C_6(H_2O)_6 + C_6(H_2O)_6 \rightarrow C_{12}(H_2O)_{11} + H_2O$〕，常見的有蔗糖、麥芽糖、乳糖，各別是由不同的二個單糖脫水而成，麥芽糖是由二個葡萄糖所形成，蔗糖是一個葡萄糖及一個果糖，乳糖則是由一個葡萄糖與一個半乳糖。

3. 寡糖：此類的醣類是由三個到九個的單醣脫水形成的，反應式為：數個單醣→寡醣＋水〔$n \times C_6(H_2O)_6 \rightarrow C_{6n}(H_2O)_{6n-1} + (n-1)H_2O$，其中 n = 3、4、5、6、7、8、9〕，嘗起來甜甜的，分子形狀比雙醣來得大，因細菌不易分解使用，所以不易引起蛀牙。寡糖的特性是難消化，所以食用後血糖值不易增高，對於

愛吃甜食卻不能吃的特殊需求者可以適量攝取，如糖尿病患者及減肥者。適量的情況下，寡糖能促進腸道蠕動，改善便祕或腹瀉等問題，但吃太多寡糖反而會造成腹脹、腹瀉等不適情形。在人體小腸中無法完全消化寡醣，而未消化的寡糖可提供腸道內的菌落分解利用，使腸道益菌數提高，改變腸道裡的菌落分布，也能降低毒素的吸收、預防罹患腸癌和腸炎、改善血脂問題等。其中，我們比較容易攝取到的是果寡糖，大多數的蔬果都含有果寡糖，果寡糖是由數個果糖脫水而成的。因此要多吃蔬果，除了能營養均衡外，還可保健腸道，使身體健康。

4. 多醣：此類的醣類是有許多個單醣脫水聚合而成，是屬於聚合物，反應式為數個單醣→多醣＋水〔$n \times C_6(H_2O)_6 \rightarrow C_{6n}(H_2O)_{6n-1} + (n-1)H_2O$，其中 n 的範圍從數十到數千〕，常見的有生物體用來儲存能量的澱粉與肝糖，以及組成生物體結構的纖維素及甲殼素。澱粉是所有綠色植物儲存能量的形式之一，動物攝取再經消化後，從中獲得所需要的能量及養分，而肝糖是動物體內儲存能量的形式。纖維素可說是在大自然界中分布最廣的、含量最多的多醣，是植物的細胞壁最主要的成分。甲殼素也就是幾丁質，是形成真菌細胞壁及節肢動物外骨骼的主要成分，某種程度上

來說，與纖維素的功用相似，有保護生物體的功用。

由此可知，醣類與生物的關係真的密不可分，不管是地上爬的、天上飛的、水中游的，大多不易與醣類分開，尤以對我們更是重要，我們可以從澱粉獲得能量，用肝糖儲存能量，從寡糖、纖維素可以使我們腸道健康，因此，攝取醣類是不可缺少的！

挑戰閱讀王

看完〈是好醣還是壞醣？〉後，請你一起來挑戰下列的幾個問題。

答對就能得到👍，奪得 10 個以上，閱讀王就是你！加油！

1. 哪一類的食物進入我們口中就會初步被分解？是被哪一種物質分解？（這一題答對可得到 2 個👍哦！）

2. 醣類進入到胃裡是否被消化？進入到小腸是否被消化？會被哪兩種物質分解？（這一題答對可得到 3 個👍哦！）

3. 血糖在身體裡面是如何被使用？（這一題答對可得到 2 個👍哦！）

4. 雙醣有幾種？各由什麼單醣形成的？（這一題答對可得到 4 個👍！）

5. 寡醣對我們有什麼好處？其原因是什麼？（這一題答對可得到 3 個👍哦！）

6. 多醣裡，哪種有保護作用？在哪種生物上可以發現？（這一題答對可得到 3 個👍哦！）

（　）7. 雙醣是由兩個單醣經過什麼作用而形成的？（這一題答對可得到 1 個👍哦！）
　　①脫水作用　②聚合作用　③呼吸作用　④消化作用

延伸思考

1. 食物中，除了醣類，還有蛋白質及脂質，試找出資料來比較這二種物質在我們人體如何經過消化作用及如何吸收。

2. 文中提到三種單醣的結構與形狀有所不同，試找出資料比較三者的不同之處。澱粉與纖維素都是以數百、數千個葡萄糖聚合而成，文中也提到是結構及形狀有所不同，試找出二者的不同之處。

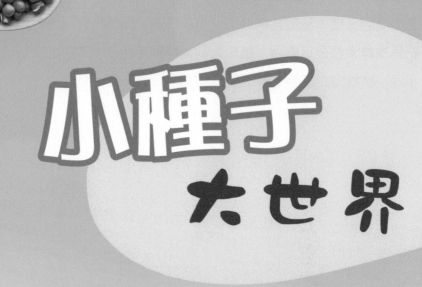

小種子 大世界

你一定看過許多植物的種子，但你知道嗎？看似小小的、不起眼的種子，卻有著意想不到的力量喔！

撰文／張亦葳

如果世界上的種子都不見了，我們的日常生活會有什麼影響呢？我曾經在班上問過學生這個問題。有同學說：「啊，沒有綠豆可以種了！」也有同學說：「太棒啦，媽媽就不會再叫我喝討厭的紅豆湯了！」還有同學說：「那以後都沒飯吃囉！」但，只是這樣而已嗎？其實，種子在我們生活中扮演著相當重要的角色，甚至可以說是

圖片來源：達志影像

許多事物的基礎喔。不相信？那就一起來看看吧！

生活中不可或缺的種子

除了每天吃的米飯、豆類、玉米、堅果等五穀雜糧，餅乾、蛋糕、麵包、麵條和貝果的原料麵粉是用小麥磨碎做出來的，前陣子新聞吵很大的食用油，有些也是用植物種子提煉出來的。比方說，大豆油的原料是黃豆、麻油的原料是芝麻、葵花油的原料是葵花籽、芥花油的原料是芥花籽等。種子能提供我們身體所需的澱粉、蛋白質和油脂等重要的養分。

另外，黃豆進一步加工還能做成豆腐、豆皮、豆漿、豆花、味噌、醬油和動物飼料等，高粱能釀酒，而咖啡豆能煮出香濃的咖啡，可可豆更是很多人愛吃的巧克力原料。食品添加物中的玉米粉、玉米糖漿等，以及料理用的某些辛香料如辣椒粉、香草籽等，也跟

繪圖：林麗娟

種子脫不了關係。不僅飲食，連少數藥品與我們製造衣料、布匹所用的棉花、某些染料等，都來自種子。

甚至呀，遺傳學之父孟德爾（Gregor Mendel）當年是以豌豆進行實驗，歸納出遺傳法則。現在隨處可見、方便好用的魔鬼氈，也是瑞士科學家麥斯楚（George de Mestral）觀察鬼針草種子的芒刺之後發明出來的。

你瞧，種子是不是比你想像的還重要許多呀？對人類來說，種子代表飲食、農業和經濟，還促進科學的發展！不過，種子並非專門為了人類生活而存在這世界上。種子，是植物傳宗接代的生殖構造，就像動物的「卵」一樣，具有延續生命的寶貴力量。

強者種子

仰賴「種子」繁殖後代的植物，就叫做種子植物，包括種子裸露的裸子植物，以及種子被果實包覆的被子（開花）植物。種子植物在長達數億年的演化競賽中逐漸取得了優勢，打敗曾經稱霸地球的蘚苔植物和蕨類植物，現占據九成左右的比例。為什麼呢？這當然和種子的特性有很大的關係。

休眠度惡地

因為種子的出現，植物能替下一代預備生長之初所需的養分，等到環境的條件適合時再發芽，才不至於徒勞無功。這種「耐心等待」或「休眠」的特性，是種子植物和其他植物、生物最不同的地方。換句話說，種子

成熟到發芽之前，可暫停所有生理活動，完全靜止一段時間，忍受外界的日晒、風吹雨打或酷熱嚴寒。種子具有這樣的特性，主要是因為外層厚厚的種皮能阻擋水氣進入，在維持乾燥的情況下，胚胎便會停止發育，這是動物的卵在自然狀態下做不到的。不管是我們為了做實驗去買的綠豆，或爺爺為了園藝去買的花卉種子，都正處於休眠狀態。它們摸起來很乾、很硬，像塑膠顆粒一樣，但其中隱藏了驚人的生命力。

喔，沒錯，有的動物也會冬眠。但你知道嗎？種子的休眠時間，可能不只一個冬天。依植物種類的不同，種子的休眠時間長短也跟著不同。某些種子可以立刻發芽，不需要休眠；某些種子則會有幾週、幾個月、幾年不等的休眠期。休眠期一旦結束，而且環境的條件適合生長，種子便可萌發了。若在極為特殊的情況下，種子或許能休眠幾百年，

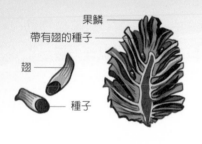

果鱗
帶有翅的種子
翅
種子

毬果是裸子植物的生殖構造，由鱗片組成；雌毬果內含裸露的種子。

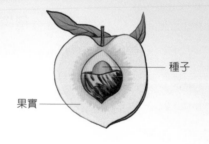

種子
果實

一般而言，被子植物的種子受到果實的保護。

繪圖：林麗娟

單子葉植物的種子

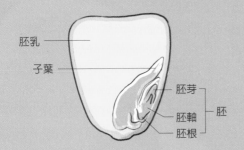

胚乳
子葉
胚芽
胚軸 } 胚
胚根

雙子葉植物的種子

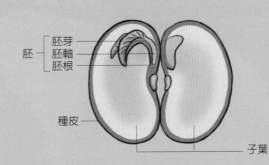

胚 { 胚芽
胚軸
胚根
種皮
子葉

典型單子葉和雙子葉植物種子的內部構造不同，其中的胚乳和子葉是養分的倉庫，存放著澱粉、蛋白質或脂質等養分。

甚至幾千、幾萬年之久。例如，曾經有顆距今約 2000 年前的棗椰種子，休眠於以色列死海附近馬薩達高溫乾燥的土層，被挖掘出來後，經過科學家的精心照料，居然發芽長成樹了，因而被取名為「瑪士撒拉」（Methuselah）──即《聖經》記載最長壽者的名字。你說厲不厲害？

沉睡約 2000 年的棗椰種子「瑪士撒拉」今年已經 10 歲了，是棵雄樹。

自備發芽用便當

種子準備發芽時，為了形成新的芽和根，種子裡的細胞會開始不斷進行細胞分裂或增大，這時候需要許多的能量，因此，種子一定要存在一些可轉換成能量的物質才行，包括澱粉、蛋白質、脂質等養分。

不同種類的植物，或生長在不同環境條件（如雨量、土壤肥沃度等）的植物，所產生的種子內各養分含量的比例不太一樣。比方說，稻米、小麥和玉米的澱粉比例較高，被人類當做主食；黃豆的蛋白質比例較高，常用來當肉類的替代品；花生、芝麻、芥花籽等的油脂比例較高，就拿來榨油。嗯，能替下一代攜帶客製化的便當在身上，種子還真不簡單呢！

種子的發芽條件

至於種子到底能不能發芽，首先要看它本身的內在條件如何，如果種子發育成熟、結構完整，並沒有老化、死亡，也不在休眠期內，就有機會萌發。除此之外，一般而言還必須同時具備下列三個很重要的外在（環境）條件才行喔！

我有問題！

到底多少水才夠種子發芽呢？

這個問題的答案與植物的種類有關，不同植物種子的大小、種皮構造和成分不太一樣。種皮愈堅固，吸水愈困難；而通常含蛋白質較多的種子，其吸水量比含澱粉較多的種子還多，吸水速度也較快。只不過呀，水並不是愈多愈好喔！必須適量，畢竟除了少數水生植物的種子外，其他大多數植物的種子過度泡水會爛掉，反而發不了芽，因為太多的水相對表示空氣（氧氣）可能不夠囉！

☑ 適量的水分

種過綠豆的人應該都知道，第一件事是要先把綠豆拿去泡水。想讓種子發芽，絕對少不了水，那是種子發芽最基本的條件。不管是直接泡水、暴露於潮濕的空氣中，或埋進濕潤的土壤中，水一碰到乾燥的種子，就會滲入種子中，使得種子稍微變大、變重，看起來像種子不停的努力吸水一樣，這個最初的階段稱為「吸水期」，屬於一種物理性的變化。等吸飽了水，種子內部細胞就可以準備發芽，將養分轉變成能量或其他物質，使胚根、胚軸、胚芽逐漸延長。幼根和幼芽一突破種皮之後，需要再吸收大量的水分，繼續長成幼苗。

總括來說，水的存在，一方面能軟化硬硬的種皮，種皮的隔絕作用一旦消失，與空氣接觸到的機會便可提高；另一方面，種子裡的植物激素和酵素會藉由水而活化，幫忙分解所儲藏的養分，產生能量或其他物質供細胞利用，某些水溶性小分子也才能順利輸送到胚，供其生長。

繪圖：林麗娟

☑ 充足的氧氣

我們活著會呼吸，植物也會，連乾燥的種子也有極微弱的呼吸作用。呼吸作用是利用養分產生能量的過程，有了能量，細胞的各項生理活動才可正常進行。在種子吸水準備發芽的時候，原本儲存於胚乳或子葉的養分被酵素分解、輸送到胚，然後胚的細胞進行呼吸作用，將這些養分轉換成能量。

當呼吸作用愈旺盛，需要的氧氣愈多。如果此時無法與空氣接觸或氧氣不夠，種子就沒辦法順利發芽。種皮的隔絕，以及周圍的水太多、土壤太硬等，都是造成種子缺氧的可能因素，這也是農夫在播種前必須先辛苦翻土的目的，就是希望能提高土壤中的氧氣含量。

☑ 合適的溫度

由於在原產地長時間適應、演化的結果，各種植物的種子有其合適發芽的溫度範圍，包括最高、最適和最低溫度。如果氣溫高於最高溫度或低於最低溫度，就會阻礙種子的萌芽，最適溫度則代表種子最喜歡也最理想的溫度條件。一般而言，溫帶植物的最適溫度約 15~25℃，亞熱帶和熱帶植物為 25~35℃。

溫度之所以影響種子的萌發，主要是因為種子發芽的過程中，細胞的生理活動，包括物質的分解和合成，都仰賴許多「酵素」幫忙的緣故。酵素的成分是蛋白質，溫度太高時會被破壞，溫度太低時又會失去活性。萬一酵素無法正常發揮作用，種子是不能順利發芽的。就像我們體內的消化酵素也有最適溫度約 37℃，太高溫或太低溫都會影響它的功能。

氧氣

發芽囉！

子葉

胚軸

種皮

水

胚根

影響種子發芽的因素

要不要光？

除了水、氧氣和溫度，你覺得「光線」是不是種子發芽的必需條件呢？我們可以進行簡單的實驗試著來找答案。

先準備二個鋪好濕棉花的小盤子，然後各撒 10 顆黃豆，放置在約 25℃ 的室溫下；其中一盤給予充足光照，另外一盤則用箱子或蓋子遮住光線。經過一段時間後，發現二盤黃豆都順利發芽了。這表示什麼呢？你可

我有問題！

種子沒有眼睛，怎麼知道有沒有光線？

植物不像我們有眼睛能感受光的刺激，主要是藉由組織中一種叫做「光敏素」的蛋白質色素來接收光訊號，而引起一連串生理反應，調節本身的生長和發育。

能會說：「無論在有沒有光線的情況下，種子都能發芽！」是嗎？那我們再來做一次實驗，但把黃豆換成萵苣種子試試看。結果，有光線照射的萵苣種子發芽了，黑暗中的卻沒有發芽。這又表示什麼呢？

其實，光線對於種子發芽的影響視植物的種類而定。有些植物的種子需要照光才會發芽，為需光性種子；有些植物的種子在黑暗中才能萌發，為嫌光性種子；而其他植物的種子則像黃豆一樣，有光、無光都可以順利發芽，為中性種子。所以，農夫為了提高作物的發芽率，通常會依據植物種子對光線的好惡情形，決定如何催芽，並且決定播種時是否覆土和種子埋的深度。

奇怪的發芽刺激

另外值得一提的是，部分植物的種子還需要接受到特定的刺激訊號（例如一段時間的低溫），萌芽的機制才有可能啟動，否則會一直處於完全休眠的狀態，就算你給了它適當的水分、溫度和空氣，仍然不會發芽。居

繪圖：林麗娟

然放棄了能夠生長的好機會？聽起來很可惜又不可思議，但從各種不同植物長時間和環境因子交互影響、不斷演化的角度去思考，這種策略並不難理解。畢竟，環境必須適合「幼苗」持續生長才有用。比如說，某些溫帶植物可能需要經過一段冬天寒冷期的刺激後，種子在隔年溫暖有雨的春天時，才會萌芽；某些植物適合存活於常有火災的森林，它們的種子就可能需要高溫火燒的刺激使種皮裂開，或者焦木散發的化學物質刺激後，才會萌芽。你說是不是很特別？

看似簡單卻非常不簡單的種子，不斷的以自己的力量，為植物找尋生命的出路。我們應該也要效法它們的精神，努力過日子喔！

最後，跟你分享一小段網路趣聞：

「俄羅斯一名 28 歲的男子因肺痛、咳血到醫院檢查，醫生診斷他患了肺癌，於是為他實施切除手術。但當醫生切下這塊『肺癌組織』時，發現裡面竟有一株長約 5 公分的冷杉樹苗。」

現在，對於種子更熟悉的你，會怎麼分析這件事呢？它到底是真的？還是假的？大家不妨一起討論看看吧！ 科

作者簡介

張亦葳　臺灣師範大學生物系畢業、美國麻州波士頓學院教育碩士，曾經是國高中生物老師，喜愛文字、科學和所有美好的人事物，相信生命的無限可能。

圖片來源：達志影像

澳洲山龍眼的豆莢必須被火焚燒過後才會打開，種子才能掉落至地面並發芽。

幼葉

子葉

小種子大世界

國中生物教師　梁楹佳

關鍵字：1. 種子　2. 種子發芽　3. 種子休眠　4. 種子植物

主題導覽

對地球上所有的生物而言，除了努力讓自身存活下去，另一件重大的任務就是「如何把生命延續？」而生殖正是延續生命擴展族群的不二法門。植物在漫長的演化過程中，生殖方式出現了二個重大的轉折，其一是花粉管形成，使植物的受精作用可以不再以水為媒介，擺脫了對水的依賴。另一個是種子的形成，為植物的繁殖和分布，創造了更優越的條件。

種子植物在進行有性生殖時，花朵的雄蕊前端花藥上的花粉粒含有雄性配子（精細胞），而在雌蕊內的胚珠就含有卵細胞。受粉之後，花粉粒長出的花粉管會不斷向位於雌蕊的胚珠伸長，將精細胞送入胚珠中與卵細胞結合受精，受精後的胚珠會繼續生長分化，最後形成種子。從開花、授粉、受精、細胞分裂到形成種子，植物為了傳宗接代，做了萬全的準備。

種子的結構

種子是裸子植物和被子植物（二者泛稱為種子植物）特有的繁殖構造，種子一般由種皮、胚和胚乳三部分組成，有些植物的種子僅有種皮和胚二部分。分述於後：

一、種皮——由珠被發育而來，具保護胚與胚乳的功能。

二、胚——由受精卵發育而來。發育完全的胚由胚芽、胚軸、子葉和胚根組成。不同種類種子的胚唯一不同的是子葉數目。被子植物依據其種子胚中子葉的數目，又區分為單子葉植物和雙子葉植物。

三、胚乳——可提供胚發育時所需的養分。裸子植物胚乳一般都比較發達，儲藏澱粉或脂肪。絕大多數的被子植物在種子發育過程中都有胚乳形成，但有的種類已成熟種子不具胚乳，是因為在胚的發育過程中胚乳被分解吸收了。胚乳中最普通的儲藏物質是澱粉、蛋白質和脂肪。

種子的發芽

有活力的種子在適宜的環境條件下可發芽，由〈小種子大世界〉文中作者提到有三個主要條件：適量的水分、充足的氧氣、合適的溫度等。但有些種子可能還要額外的刺激才能發芽，如文中所提到需不需要照光？

許多植物的種子並沒有老化或死亡，但是提供了適宜的環境條件仍不能萌發，主要是種子處於休眠狀態。休眠是植物在發育過程中對抗不良環境的一種適應現象，如某些沙漠植物的種子能以休眠狀態度過乾旱季節，以待合適的萌發條件。但種子休眠對農業生產常帶來一些困難，如處於

休眠的種子到播種時不發芽而造成延遲發芽或缺苗，須以適當處理打破休眠，促進萌發，才能及時播種。解除種子的休眠，是農業生產上一個重大的課題。

種子與人類

對種子植物而言，種子無非就是一個生殖的構造，所有的組成成分、附屬結構，都是為了新生命的誕生所做的準備。但是，對人類而言種子所提供的功用超乎想像。試著回想一下種子帶給人類的影響……

一、人類的食物——自古以來，五穀雜糧無一不是從植物種子獲得。重要的養分如醣類、蛋白質及脂肪等，人類都有由種子中取得食用的例子。

二、日常生活的關聯——藥品成分的來源，衣料、染料的製作原料。

三、提供給孟德爾實驗的材料，歸納出遺傳法則，促進科學發展。

四、提供給瑞士科學家麥斯楚模仿的靈感，他費了八年的時間做實驗，根據鬼針草種子芒刺的構造，設計出一種實用的按扣，就是目前大量使用在生活中的魔鬼氈。

五、替代能源未來發展的重要材料——目前主要的生質能源形式有二種，一為利用種子內含有油脂的成分，做為生質柴油。另一種為利用作物所含的澱粉及糖分做為生質酒精。

六、種子銀行的建立——種子銀行的主要功能是進行物種儲存，一旦某個植物物種滅絕，可隨時啟用其種子，讓這個物種得以恢復。

種子帶給人類的，還有更多……

挑戰閱讀王

看完〈小種子大世界〉後，請你一起來挑戰下列的幾個問題。

答對就能得到👍，奪得 10 個以上，閱讀王就是你！加油！

（　）1.以下哪一種食物不是直接來自於植物的種子？（這一題答對可得到 1 個👍哦！）
　　①米飯　②味噌　③蘿蔔　④巧克力

（　）2.以下哪一種植物不會產生種子？（這一題答對可得到 2 個👍哦！）
　　①杜鵑花　②筆筒樹　③紅檜　④孟宗竹

（　）3.以下四種植物種子，哪一個所含的主要養分和其他三者不同？（這一題答

對可得到 1 個👍哦！）

①玉米　②花生　③芝麻　④葵花籽

（　）4.以下何者不是種子發芽的必需條件？（這一題答對可得到 2 個👍哦！）

①適量的水分　②充足的氧氣　③合適的溫度　④光線充足

（　）5.下有關植物種子的敘述何者不正確？（這一題答對可得到 2 個👍哦！）

①種子是植物傳宗接代的生殖構造

②魔鬼氈的發明與觀察鬼針草種子的芒刺有關

③種子存在一些可轉換成能量的物質包括澱粉、蛋白質、脂質等養分

④乾燥的種子的呼吸作用完全停止，待吸水後才有呼吸

（　）6.以下何者不是水分對植物種子發芽的影響？（這一題答對可得到 2 個👍哦！）

①通常含澱粉的種子吸水量比含蛋白質的種子多

②軟化種皮

③活化植物激素和酵素，以便分解儲藏的養分

④順利運送水溶性的小分子到胚

延伸思考

1.列舉日常生活中所食用的種子食物五種，並敘明它們所含的主要營養成分為何？

2.除了文中所提到種子與人類的關係外，你還有想到更多種子對人類的影響？你也可以試著上網搜尋看看，也許種子與人類有更多意想不到的關係。

種子

放假的時候，你有去旅行過嗎？去哪裡旅行呢？坐什麼交通工具？植物雖然不像我們，想去哪兒就能去哪兒，但其實有些植物的種子也會旅行！

種子的旅行目的當然跟我們不一樣，絕對不是到處玩耍，生物的演化總是有理由的。想一想，如果種子離開原本的植株，有什麼好處呢？當全部的種子留在同一個地方發芽生長，一定會為了有限的資源（如陽光、水、空間等）而發生激烈的競爭。因此，種子拓展生長範圍不但有機會找到更適合生長的環境，繁衍出更多子嗣，也能避免近親交配、增加遺傳變異，有利於演化。

另外，原本植株的所在地可能已聚集了相當數量的敵人或病原體，到新的地方生長或許壓力會小一些喔。接下來，一起聽聽不同

圖片來源：達志影像

的旅行

野外常見的黃花酢漿草果實成熟後，會裂開將種子彈射出去。

每個人對於「旅行」的定義都不太一樣，但對種子來說，卻是一趟背負著傳播生命重責大任的旅程。

撰文／張亦葳

圖片來源：謝易翰（黃花酢醬草）、徐瑞仙（非洲鳳仙花）

的植物介紹它們種子旅行的方式吧！

靠自己的力量去旅行

黃花酢漿草搶先說：「我們的果實是五稜的尖圓柱形，有些人覺得長得很像火箭，或迷你秋葵。果實內有白色液體會包覆種子膠結成一層假種皮，這可是我們種子去旅行的動力來源。當果實成熟時，假種皮內外的細胞壓力差達到臨界值，果實就會縱裂、種子就會像子彈一樣瞬間被彈射出去。如果彈射

出去的種子碰到旁邊其他的成熟果實，又會引發一連串的彈射。像機關槍似的，讓許多的種子到處飛散去旅行，就是我們在野外如此常見的原因之一喔！下次遇見我們，別只是急著尋找四片小葉的幸運草，也可以摸摸看我們的果實，感受一下我們種子旅行的力量有多強大！」

被大家稱為「指甲花」的非洲鳳仙花說：「我們紡錘形果實的內外果皮生長速度不同，果實一旦成熟開裂，果皮旋捲會產生一股彈力，讓裡面的種子立刻出發去旅行喔！在愈有陽光、愈是乾燥的環境，我們的種子

非洲鳳仙花的果實將種子彈射出去後，留下旋捲狀的果皮。

天竺葵的果實成熟後，果瓣開裂由基部向上捲曲，把種子彈出。

罌粟的果實成熟時頂端會孔裂，像個小胡椒罐一樣，風大的時候，長果柄前後擺動，內部的細小種子就會被「撒」出去。

彈得愈遠。甚至，我們還因此有個特別的英文俗名叫做 ” touch-me-not” （別碰我）。」而鳳仙花屬的屬名 Impatiens（即 impatient 的拉丁文，中文意思是無法忍受的、沒耐心的）也和這樣的特性有關，用來形容其迫不及待迸裂的成熟果實，是不是很傳神呢？

原產於地中海地區的噴瓜在一旁很得意的說：「哈哈，比起黃花酢漿草和非洲鳳仙花，我們種子能旅行的距離更遠喔！在我們的果實成熟時，裡面的多漿質組織轉變為黏液，而開始對果皮強力擠壓，爆破之後就會將種子和果液一起噴得老遠。所以呀，常被人叫做最有力氣的果實呢！厲害吧？」

像這樣以植物本身的力量傳播種子，即為「自力傳播」，董菜、羊蹄甲、天竺葵等也屬於這一類的植物。另外有某些植物，除了靠自己果實或其他構造的變化，還需要一點外力幫忙，才能讓種子順利去旅行，例如某些罌粟屬的植物和野燕麥。而許多果實或種子如蘋果、水筆仔等，成熟後隨重力往下掉的現象，稱為「重力傳播」，也常被歸類於自力傳播。但通常只靠自力傳播種子的移動距離並不遠，多數種子還會仰賴鳥類、昆蟲等協助二次傳播到更遠的地方旅行。

靠動物的力量去旅行

聽完以上的介紹，羊帶來說話了：「我們的種

繪圖：林麗娟

噴瓜又稱「鐵砲瓜」，果實一旦成熟開裂，會將種子噴到很遠的地方。

子沒辦法自力傳播，必須靠外力傳播。看看我們的果實構造，也很特別吧？表面布滿了堅硬的鉤刺，這麼一來，就可以藉由黏附在動物的皮毛體表，搭便車跟著他們四處移動，去很遠的地方旅行喔！」

內含種子的鳥糞

像是雀榕之類的植物，利用好吃的果實來吸引動物（包括人類）來幫忙傳播種子是個有效的好方法。

大花咸豐草開心的附和說：「我們鬼針草家族的種子也是這樣去旅行的！我們細長的果實也有鉤刺，如果動物經過不小心碰到，就會緊緊鉤在他們身上。不是我要說，搭便車真的有夠方便，輕輕鬆鬆的，只要等到果實脫落，或者被動物發現拔掉，裡面的種子就有機會在新的地方生長了。」

高大的雀榕低下頭看著大花咸豐草，驕傲的說：「我們也是靠動物幫忙的，不過跟你們不一樣，我們的圓形果實成熟後，會吸引動物來攝食，尤其是麻雀、白頭翁等鳥類，等他們排遺的時候，無法消化的種子就一起出來了。因此，我們的種子常隨著鳥糞到處排放，不是我要說，鳥類飛得可遠呢！」

「動物傳播」最常被提到的就是「外附傳播」和「內攜傳播」。前者指的是像羊帶來和鬼針草這樣，利用果實或種子的鉤刺、黏液等特殊構造附著在動物體表去旅行；後者則是雀榕和各種水果其種子旅行的方式，為了順利被動物吃掉，達到種子傳播的目的，它們果實的外觀、氣味或味道得富有吸引力才行。除此之外，鳥類用嘴叼住飛行、螞蟻搬運、松鼠為度冬而收藏等行為，甚至從其他動物糞便中挖出種子，也都算是動物幫忙植物種子旅行的方式喔！

圖片來源：達志影像、wikimedia Commons（阿爾特斯）（鬼針草）

菊科蒼耳屬的羊帶來果實呈橢圓形，藉由其表面的鉤刺附著於動物身上。

鬼針草的果實是細長狀，尖端有倒鉤刺，藉此附著在動物身上。

靠水的力量去旅行

典型的海濱植物棋盤腳說：「寬廣的大海對很多生物來說，是難以克服的阻隔，可是海水和洋流卻是我們旅行的媒介，讓我們有機會到非常遙遠的地方去。我們的果實是四稜形，有點像顆大粽子，果皮富含海綿狀的纖維質，外層含有蠟質可以防水，所以能浮在水面上隨波逐流，也能保護內部的種子，以確保哪天幸運的漂上岸後能順利發芽生根。」

高大的椰子樹一邊點頭一邊說：「我們的果實就是椰子，一般常看到的是未成熟的綠色果實，成熟的話應該是褐色的。成熟椰子有一層很厚的纖維質果皮，可完整的保護椰子核，還有助於在海面上漂流到非常遠的地方。」

生長在海、河、湖等水域附近的植物，當其果實成熟之後掉到水面，藉由水流傳播，便

棋盤腳果實呈四稜形，能水面上漂浮。

稱為「水力傳播」。這一類植物的果實或種子具有海漂特性，通常比重低、可漂浮，果皮或種皮表面防水、內部富含纖維質或氣室。除了棋盤腳和椰子之外，欖仁、蓮葉桐、睡蓮等也是常見的例子。

靠風的力量去旅行

「風力傳播」典型代表蒲公英說：「我們的種子被包在長有冠毛的果實裡，果實成熟後，冠毛展開成傘狀，當風一吹來，就跟著飄到遠方去旅行。」

昭和草答腔說：「還有我們！還有我們！我們的果實成熟後也會變成一團白色的絨毛球，遠遠看起來和蒲公英的有點類似。而細長的白色冠毛隨風飄散的時候，裡面的種子就會跟著一起去旅行。」

木棉樹也微笑說：「我們的果實長大成熟裂開之後，果皮內壁細胞形成的白色棉絮也會帶著種子隨風旅行呢。」

像蒲公英、昭和草和木棉一樣，擁有絨毛狀果實或種子的植物其實不少，但除了這種

攝影：陳國瀚，繪圖：林麗娟

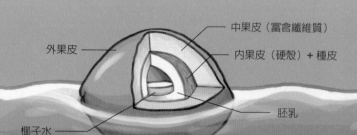

外果皮

中果皮（富含纖維質）

內果皮（硬殼）+ 種皮

椰子水

胚乳

椰子有很厚的纖維質果皮，可以保護椰子核（內果皮以內），有助於在海面上漂流。

昭和草的成熟果實，是不是和蒲公英的很像呢？

木棉的成熟果實。

圖片來源：莊溪（左圖）、達志影像（右圖）

了「人類傳播」一詞，畢竟，坐飛機傳播的距離可比隨風飛散來得遠很多很多。自然界這麼多種子的散播方式，都是植物經歷漫長時間不斷演化的結果，畢竟種子到哪兒旅行幾乎能決定植物接下來要生長在哪裡，意義非常重大，說「旅行是種子的信仰」一點也不為過。

哪天，當你在野外看見種子用不同方式在旅行時，請別忘了給它一個鼓勵的微笑，然後打從心底佩服它的勇氣，並且讚嘆植物世界的奇妙！

方式以外，想藉著風或氣流飛起來旅行，帶個「氣球」（如倒地鈴）或長出「翅膀」（如桃花心木）應該都會有用。當然，要是種子本身夠細小、夠輕盈，就算沒有絨毛、氣球或翅膀等特殊構造，也能直接被風吹得遠遠的喔（如蘭花）。

你瞧，種子的旅行是不是很有趣呢？除了自力、動物、水力、風力傳播，由於人類生活科技和交通運輸工具的發達，近期還出現

作者簡介

張亦葳　臺灣師範大學生物系畢業、美國麻州波士頓學院教育碩士，曾經是國高中生物老師，喜愛文字、科學和所有美好的人事物，相信生命的無限可能。

冠毛

種子

果實

蒲公英的成熟果實看起來像是白色的絨毛球，等風一吹過，帶著小白傘的種子就各自出發去旅行。

種子的旅行

國中生物教師　梁楹佳

關鍵字：1. 種子　2. 種子傳播　3. 種子旅行　4. 自力傳播

主題導覽

對種子植物而言，種子是繁衍和擴大分布的重要構造。種子為何要去旅行？為何要遠走高飛呢？主要有以下幾個原因：

一、避免同種植株間的過度競爭——如果所有成熟的種子，都留在同一個地點發芽、生長。在有限的資源與空間下，往往因密度過高，彼此間會產生強烈的競爭作用，導致植株的生長遲滯甚至死亡，對植物族群本身沒有任何助益。

二、可以避免近親繁殖——近親繁殖不利於基因多樣化，造成遺傳變異縮減，不利於演化。所有的種子都在同一個地方，即使大多數的幼苗可以順利發育，生長為成熟的植株，由於生長範圍的局限，會有近親繁殖的問題。

三、擴展族群的分布範圍——種子藉由各種傳播方式散播到適當的地點發育與成長，以擴展族群的範圍，爭取更多的資源與空間，並且取得與其他族群基因交流的機會。

四、創造較優質嶄新的生長環境——原本植株的所在地可能有些不利於生長的條件，或已聚集了相當數量的敵人或病原體。傳播到新的地方生長，利用新的資源與空間，可以降低原環境中不利生長的壓力。

基於上述的理由，為了讓種子傳播出去，不同環境中的不同植物演化出各種不同的構造特徵。在〈種子的旅行〉一文中，作者介紹了很多奇妙的種子，有著各式各樣的傳播方式，讓大家對多采多姿的植物世界有更進一步的認識。概括來說，植物果實和種子的傳播方式可以分為以下四種，以這四種傳播方式傳播的果實或種子，其特徵也有顯著的差異：

一、自力傳播——利用植物體本身的特殊構造來傳播，例如利用果實或種子本身的重量，成熟後因重力作用直接掉落地面；或果實成熟後，果莢會皺縮迸裂產生彈力，將種子彈射出去。此種傳播方式又可分為主動傳播與被動傳播。所謂主動傳播，是指植物體自發性的動作，無需外力幫忙，如鳳仙花；被動傳播則需要借助外力的刺激，而將種子彈出去的方式，如水筆仔、罌粟。不過自力傳播種子的散布距離有限，最遠的紀錄為洋紫荊，可達 15 公尺遠。因此自力傳播常需仰賴鳥類、昆蟲等，幫忙二次傳播，讓種子可以到達更遠的地方。

二、風力傳播——種子小、重量輕、長有細毛、絨毛或薄翅等輔助構造，可以隨風飛散各處，把種子散播遠方，如蒲公英、木棉。

三、水力傳播──種子表面具蠟質可防水，果皮含有氣室、比重較水低，能浮在水面上，經由溪流或洋流傳播。靠水力傳播的種子其種皮常具有豐厚的纖維質，可防止種子因泡水腐爛或下沉。海濱植物如棋盤腳、蓮葉桐及欖仁皆屬於靠水傳播的種子。

四、動物傳播──動物傳播又可分二種，一種是靠動物咬食，此類果實大多較重且可以食用，無法消化的種子再經由動物排遺傳播，如百香果。另一類則是靠依附在動物身上，這類的果實或種子大多有鉤或刺，可以黏附動物身上，如鬼針草。

作者在文章的結尾有提到「人類傳播」，以目前世界交流如此頻繁，想想透過人類的活動，例如旅行交通的往返、貨物的流通，都可能造就一顆種子一段驚奇的旅行。

挑戰閱讀王

看完〈種子的旅行〉後，請你一起來挑戰下列的幾個問題。

答對就能得到👍，奪得 10 個以上，閱讀王就是你！加油！

（　）1.以下哪一種種子的傳播方式與其他三者不同？（這一題答對可得到 2 個👍哦！）

①蒲公英　②黃花酢漿草　③羊蹄甲　④噴瓜

（　）2.以下哪一個選項，不是非洲鳳仙花自我介紹時的描述？（這一題答對可得到 2 個👍哦！）

①我們的果實是紡錘形

②在愈有陽光、愈是乾燥的環境，我們的種子彈得愈遠

③我們的果實內外果皮生長速度相同，成熟開裂時果皮旋捲產生彈力

④我們有個特別的英文俗名叫做 "touch-me-not"。

（　）3.以下哪一項不是植物種子的傳播方式？（這一題答對可得到 1 個👍哦！）

①風力傳播　②動物傳播　③水力傳播　④火力傳播

（　）4.以下何者是動物傳播種子的特徵？（這一題答對可得到 2 個👍哦！）

①種子有翅

②果實大多較重、可以食用，種子無法消化

③種子小、重量輕

④傳播距離有限，需二次傳播到更遠的地方

（　）5.以下何者不是靠水的力量去旅行的種子特徵？（這一題答對可得到 2 個👍 哦！）

　　　① 果實或種子內部富含纖維質或氣室

　　　② 果實或種子通常比重低、可漂浮

　　　③ 果實或種子表面具蠟質

　　　④ 果實或種子大多有鉤或刺

（　）6.以下何者不是種子旅行的原因？（這一題答對可得到 3 個👍 哦！）

　　　①避免同種植株間的過度競爭

　　　②擴展族群的分布範圍

　　　③保存優異的遺傳基因

　　　④可以避免近親繁殖

延伸思考

1.列舉校園中的植物種子三種，並敘明它們的種子特徵及傳播方式為何？

2.校園、植物園或社區的公園中，常可見大葉桃花心木，每年三、四月份其果實成熟後木質化並自基部裂成五瓣，紅褐色的翅果便像直升機螺旋槳般旋轉飄落下來，甚為有趣。你可以試著上網搜尋看看，大葉桃花心木種子的結構與旋轉飄落的關係，也許可以給你一些啟示。

大地的寶藏

珍貴卻不昂貴的化石

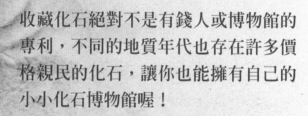

收藏化石絕對不是有錢人或博物館的專利，不同的地質年代也存在許多價格親民的化石，讓你也能擁有自己的小小化石博物館喔！

撰文／鄭皓文

圖片來源：達志影像，繪圖：鄭景文

咦？這是什麼？

這是風神菊石的化石，我叔叔送我的。

好漂亮喔！

這麼漂亮的化石，一定很珍貴……說不定要幾十萬吧……

糟糕！

小心！

破……破掉了！

完蛋了……要傾家蕩產了……

其實……這幾百塊就買得到了啦……

需要淘×的連結嗎？

繪圖：曾建華

真貴的化石？

在一般人的印象中，化石似乎既珍稀又昂貴！所以大概只有博物館或有錢人才能收藏擁有，這是什麼原因呢？

首先從化石形成的角度來看，要形成化石的第一步是，生物死亡後必須迅速被掩埋在缺氧的環境中，才能減少被食腐動物或微生物的分解破壞；再來就是，必須在地層中歷經千萬年長時間高溫高壓的作用，讓地層中的礦物質逐步滲入，取代生物原有的構造，也就是所謂的礦化，才能形成化石。不過就算化石好不容易形成了，地層的變動也可能又會將化石摧毀殆盡。最後能夠露出地表或被人類挖掘出土的化石，就如同鳳毛麟角般稀少。化石的珍貴，由此可見一斑！

再從化石的清修復原來看，開採出來的化石就如同珠寶的原礦般，大多都還需經過一番清修（指利用各種特殊的工具與方法，將化石的本體與周遭的岩石分離），接下來再將缺損的部分用特殊的材料加以修復，最後才能成為一個精美的化石。這樣的過程要耗費大量的人力與專業技術，所以成本之高可想而知！

最後從科學的角度來看，若是化石本身帶有很高的學術研究價值，或是代表了生命演化過程中某個重要的環節，是解開演化之謎的關鍵線索，那麼其價值就更可能超越了金錢的衡量。例如曾介紹過的始祖鳥或魚石螈標本，那還真的是有錢也買不到呢！

照這樣說來，一般民眾要親近化石不就很難了？其實倒也未必，除了親自採集化石之外，其實有些化石的價格卻非常平易近人，這又是什麼原因呢？

原來古代有許多生物和現生的生物一樣，有群聚生活的習性，例如海洋中的鯡魚或沙丁魚、海膽、腕足類等。當這些物種為了交配繁殖或覓食而成千上萬的聚集在一起時，若是發生了突如其來的災難事件，像大規模的火山爆發或土石洪流等，就可能導致這些生物集體死亡。此時如果沉積環境適當，就會在單一地層中形成大量的化石。

若是在當時的生態環境中屬於優勢物種的生物，身體又具備不易分解的硬殼構造（如三葉蟲或菊石），自然也較容易在地層中形成大量的化石。當這些含有大量化石的地層被人類發現並進行商業化的開採，這些化石的價格當然就變得平易近人了。

就讓我們進入生命演化的時空隧道，一邊回顧生命演化的歷程，一邊欣賞讓人「流口水」的平民美「石」吧！

前寒武紀

4600（百萬年前）

古生代的「古早味」

攝影：鄭皓文

地球大約形成於46億年前，不過一直要到約38億年前才有最早生命化石的證據——藍綠菌的出現。接下來漫長的幾十億年間化石的證據非常稀少，因此科學家對這段期間生命演化的過程其實並不是非常了解。奇妙的是，到了約5億4000多萬年前的古生代寒武紀初期，世界各地開始出現了各式各樣多細胞生物的化石，幾乎包含了現今大多數的動物門類，例如有名的化石產地加拿大洛磯山脈的伯吉斯生物群及中國雲南的澄江生物群，這些地點所呈現的特殊地質現象就是有名的「寒武紀大爆發」！

不過在古生代的早期，生命仍局限於海洋中，此時海綿、珊瑚、腕足動物、鸚鵡螺類都已出現，尤其三葉蟲更是此時海洋中最廣泛分布的優勢物種，種類和數量都非常繁多。到了約四億年前，藻類開始往陸地上發

● 鏡眼三葉蟲

鏡眼三葉蟲是三葉蟲大家族中非常「吸睛」的一類，牠們有非常明顯的兩個大複眼，每個複眼上整齊排列著上百個構造精巧的「小眼」，模樣可愛又討喜，當牠遇到危險而把身體捲曲成球狀時，從正面看就活像個大頭青蛙，讓人得不說聲「卡哇伊內」！北非的摩洛哥有著得天獨厚的泥盆紀地層，出土了數量驚人的小型鏡眼三葉蟲。圖中蟲體長約5公分。

球接子三葉蟲 ●

球接子三葉蟲是生活在古生代寒武紀早期的一類小型盲眼三葉蟲，體長多不會超過一公分。牠的外型和一般大家熟知的三葉蟲較不一樣，因為牠的頭尾都類似扁圓球狀，整體外型就像二個球接起來一般，很難一眼分辨出牠的頭部到底在哪一邊，球接子的名稱便是由此而來。圖中蟲體長0.8公分。

古生代		
寒武紀	奧陶紀	志留紀
485	443	419

展而逐漸演化出最早的植物；水中的無脊椎動物也跟著上陸發展，後來演化出蜘蛛、馬陸、昆蟲等節肢動物。而早期原始的脊索動物則演化出各式各樣的魚類，其中肉鰭魚類的一支在泥盆紀登陸，演化出最早的四足動物，後來則演化出早期的爬蟲類。從此地球上的水陸空三域開始都充滿了生命。

到了古生代晚期的石炭紀，陸地上的植物演化出高大的蕨類，這些蕨類的化石有些就是今日開採的煤礦來源。直到二疊紀末期，地球發生了一次規模龐大的生物大滅絕現象，造成海洋中大多數的生物滅絕，其中也包括了三葉蟲。古生代至此正式宣告結束！

攝影：鄭晧文

溝通三葉蟲 ●

在中國廣西省南丹縣的泥盆紀地層中也有大量的三葉蟲產出，稱為溝通三葉蟲（也稱南丹三葉蟲）。這也是一種盲眼的三葉蟲，體長約 3公分左右。由於母岩較為鬆軟，用鋼針就可將化石周遭的圍岩剔除，是學習清修化石入門的最佳標本。圖中三隻不同大小的個體同在一塊母岩上，形成有趣的畫面，最大的長約 3.6 公分。

● 石燕

石燕是古生代海洋中常見的腕足類動物，由於有上下兩片殼保護著柔軟的軀體，常被誤認為是雙殼的貝類，但兩者其實是完全不同類型的生物，最明顯的差別就在於腕足類的二片殼上下並不對稱，然後從二片殼絞合的中央孔洞中伸出肉莖來固定於海床上行固著生活，再透過殼中二個彎曲且具鬚狀的腕來濾食及呼吸，所以稱為腕足動物。圖中石燕寬約 5.4 公分，產於中國廣西的泥盆紀地層，由於數量眾多，早期在中藥店甚至可看到罐裝的石燕秤斤論兩的販售呢！

古生代		
泥盆紀	石炭紀	二疊紀

419　　　　　　　　　　359　　　　　　　　　　299

中生代的「海鮮大餐」

時空進入到中生代早期的三疊紀，此時陸上的脊椎動物以爬蟲類最為興盛，不僅演化出後來稱霸整個中生代的恐龍家族，有些還飛上天成了翼龍，下了海成了魚龍、蛇頸龍等，更重要的，人類的祖先——最早期的哺乳動物也在此時由爬蟲類演化出現。植物的部分，更具生存優勢的裸子植物（如松、杉、柏）逐漸取代了高大的蕨類。海洋中由鸚鵡螺類演化來的菊石成了最優勢的物種，加上本身有硬殼，死後較容易形成化石，讓菊石成了中生代海相地層中最顯著的指標化石。

中生代歷經侏羅紀時期恐龍的大繁盛，其中一支甚至演化成了鳥類。到了白堊紀植物

● 風神菊石

對化石迷或古生物學家而言，非洲的馬達加斯加是夢寐以求的聖地，島上有豐富的中生代地層，各種恐龍、早期哺乳動物和各種無脊椎動物的化石充斥其間。其中白堊紀的風神菊石數量更是豐富，大小從一到數十公分都有，是研究菊石個體發育的最佳材料。

此地產的風神菊石有些保有珍珠般色澤的原生殼（見上圖，化石長約 6.2 公分），內部腔室則常有不同顏色的方解石結晶填充，所以對半剖開後可見到美麗的圖案。至於磨去外殼的風神菊石則有著驚人的內在美：有些呈現出完整的縫合線（見下圖，化石長約 7 公分），有些則帶有令人目眩神迷的彩斑。換言之，光是一種菊石就可收藏到許多不同面貌的標本，怎不令人心動呢？

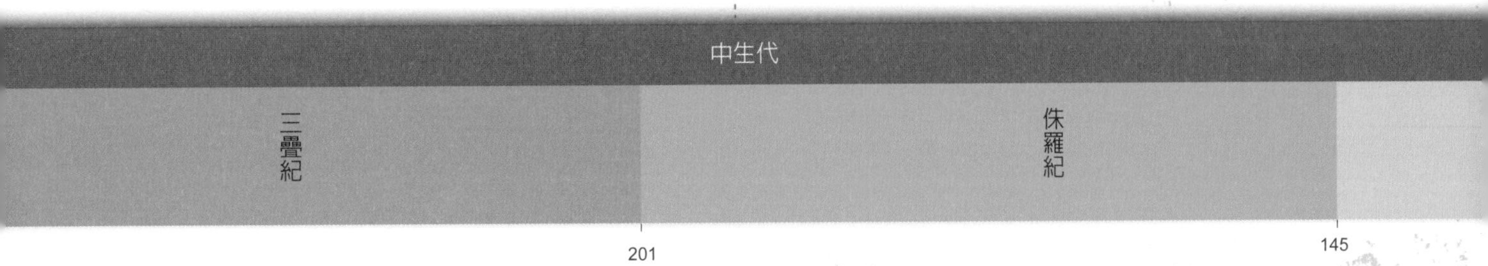

中生代

三疊紀

侏羅紀

201

145

41

演化出了會開花結果的被子植物，從此地表變成花花綠綠的彩色世界，也讓幫忙授粉的昆蟲、鳥類等跟著協同演化，造就了後來新生代更多采多姿的生命世界。

約 6500 萬年前的一顆巨大隕石撞擊了地球，造成了另一次的生物大滅絕，恐龍和菊石等許多物種都隨之滅絕，為中生代畫下了休止符。

新生代的「潮流美石」

到了新生代，哺乳動物和鳥類開始興盛，逐漸取代了在中生代時期由爬蟲類主導的生態區位，不論空中、陸地或水中，都有哺乳動物和鳥類的蹤跡。會開花的被子植物則成了陸地上最優勢的植物，會飛的各式昆蟲也隨之大幅演化。海中的菊石雖已不復見，但各種刺絲胞動物（如海葵、珊瑚）、棘皮動

旋菊石

旋菊石是侏羅紀時期廣泛分布在全世界的一類菊石。殼體表面具有規律生長的環狀突起殼飾，然後在腹面中央會分叉成兩條，形成非常美麗的外觀；而且這樣的構造可能還具有強化外殼抵抗水壓的功能。在馬達加斯加出土的旋菊石不僅量大，連白色外殼也保存完整，是另一個不能錯過的平價美「石」！

狼鰭魚

還記得全世界第一隻被發現帶有羽毛的恐龍——中華龍鳥嗎？這件石破天驚的標本發現於中國遼西的早白堊紀地層，距今約 1 億 2500 萬年前，而狼鰭魚也是產出於此地層中。狼鰭魚有許多種類，此地最常見的是戴氏狼鰭魚，體長大約 8~10 公分。由於此地沉積岩顆粒細緻，媲美德國的索倫霍芬石灰岩，所以保存的化石不但完整而且細節清楚；像狼鰭魚身上的眼、椎體、鰭條甚至鱗片都清晰可見。有時一塊地磚大小的岩板上甚至聚集了上百條狼鰭魚的化石，可見當時的狼鰭魚有多興盛。圖中的魚長約 8.5 公分。

中生代

白堊紀

古近紀

物等依然讓海裡生機盎然，硬骨魚中的輻鰭魚類與軟骨魚的鯊、魟等更是到處悠游。到了約200萬年前，人類的祖先開始出現，隨後的幾次冰河時期，則出現了大家熟知的長毛象、披毛犀等冰原巨獸。不過隨著現在人類破壞環境的幅度愈來愈大，物種滅絕的速度也更驚人，新生代還能存續多久，看來得靠人類更加愛護地球的環境了！

其實收藏化石不一定是博物館或有錢人的專利，只要是在自己能力範圍內，隨著時間的累積，家中的小櫃子也可化身成一座小型的個人專屬博物館。在收藏的過程中，不僅可以怡情養性，更能培養對自然科學的興趣與知識，啟發對生命的熱愛，讓自己隨時都能悠遊在生命演化的時光隧道中。心動了嗎？趕快去尋寶吧！ 科

作者簡介

鄭皓文　臺中市東峰國中生物老師，熱愛古生物，蒐藏了近百件古生物化石，在生物課堂上讓學生賞玩，生動活潑的教學方式深受學生喜愛。

海膽

海膽屬於典型的棘皮動物門，全身因為有堅硬的骨板包圍，體外又布滿了堅硬的棘刺，所以死後比較容易形成化石。不過海膽的棘刺在死後很快就會脫落分離，所以完整布滿棘刺的海膽化石非常罕見，大部分都只有身體的部分。海膽的化石從古生代就已出現，到了新生代更有許多種類，產量很多。圖中的棘燈海膽長約3.8公分，產自美國加州的新生代始新世地層；從表面可清楚看到呈輻射分布的五條步帶溝，渾圓飽滿的外型，是不是像極了可口多汁的小籠包？

鼠鯊牙

令人聞之色變的鯊魚其實是很古老的魚類，早在古生代的泥盆紀就已出現。不過由於鯊魚是軟骨魚類，不易形成化石，唯一較堅硬的牙齒就成了我們認識古代鯊魚最主要的依據。在新生代的海洋中有些種類的鯊魚也非常興盛，因此在地層中留下為數眾多的鯊魚牙化石。這裡介紹的是生存在中生代白堊紀末期至新生代古近紀始新世的鼠鯊牙，光滑油亮的琺瑯質表面，顏色由米白到咖啡色都有。圖中是鼠鯊上頜的牙齒，牙長約2公分，由於兼具形、色之美，常被做成吊飾或項鍊墜子販售。

	新生代		
古近紀	新近紀		第四紀
23		2.6	

大地的寶藏——珍貴卻不昂貴的化石

關鍵字：1.化石　2.演化的歷程　3.地質年代

國中生物教師　江家豪

主題導覽

化石和其他礦物的價值來源不外乎是物以稀為貴。化石的產生需要很多條件的彼此配合，這個生物必須「死對地方」，讓泥沙能夠掩埋，再經過地層中的擠壓礦化，才能形成化石。如果想順利出土，還要有細心的開挖、修飾才辦得到，因此一個完整的古生物化石是極其珍貴的。但與黃金、鑽石這些珍稀礦物相比，市場卻不是那麼熱絡，這又是為什麼呢？原因或許是化石比這些礦物更容易損壞，而且一旦損壞，它的「經濟」價值就不復存在了。所以會在市場上收集化石的人，多數不是看上它的經濟價值，而是它在生物演化歷程上的重要意義。

「化石是生物演化最直接的證據。」生物課本裡是這麼說的。這句話也同時點出了化石的真正價值——生物演化的歷程。透過化石的分析，我們除了可以推知古生物的樣貌與演化歷程之外，還能夠推論當時環境的變動。在某一時期的地層中，常常可以發現某一種生物大量且完整的化石，這樣的化石被稱為標準化石，透過標準化石的分析，可以概略的窺知當時的種種環境條件；而每一個時期不同的標準化石，也讓我們能夠描繪出生物演化的地質年代表。

地質年代的劃分

藉由地層中不同的標準化石出現，我們將地球誕生後至今的時間，劃分為不同的世代，稱之為地質年代。每個年代的區隔並沒有明確的時間點，而是透過不同地層中的不同代表性生物來加以劃分。地球約在 46 億年前誕生，爾後到 38 億年前左右才有最早的生物出現，但這種生物缺乏化石證據，因此尚有爭論。最早有化石證據的生物，是約 35 億年前的藍綠菌化石，這種生物的誕生改變了早期大氣的組成，也造就了後來繽紛的生物世界，而這段漫長的歲月，我們稱之為前寒武紀。

至於稱為「生命大爆炸」的寒武紀大爆發，則大約發生在 5.4 億年前，這時海洋中出現了大量的生物，其中最具有代表性的非三葉蟲莫屬，這個以三葉蟲為代表性生物的世代，稱為古生代。說古生代是生物蠢動的時代一點也不為過，綠藻率先往陸地發展出了古老的植物，接著那些以藻類、植物為食的無脊椎動物也跟著在陸地上演化出各式各樣的節肢動物，最後那些以節肢動物為食的魚類，才逐漸演化出具有四肢的兩生類登陸。

登陸後的植物與動物，面臨最大的挑戰

是缺水的問題，所以植物陸陸續續的演化出了角質層、維管束等構造，也就是我們所知的蘚苔與蕨類的出現，更後期還產生了能耐乾旱的繁殖構造──種子，於是裸子植物誕生了。爬蟲類的祖先們（兩生類動物）為了克服缺水問題，演化出鱗片及骨板等構造，成為恐龍的祖先，而為了能讓繁殖這件事順利進行，牠們以體內受精並生下具有卵殼的卵做為繁殖方式，大大的增加在陸地上生存的本錢，這些具有卵殼的卵，也增加了形成化石的可能性。然而這個世代最後就在三葉蟲滅絕後宣告結束，進入了中生代。

中生代的陸上霸主是所有小朋友的最愛──恐龍。之所以能稱霸陸地，仰賴的無非是對缺水環境的適應，鱗片、體內受精和有殼的卵，使得恐龍可以在陸地上安心生存和繁衍。而在海洋中，大量的菊石成為代表性生物，這種類似軟體動物的有殼動物，或許是因為良好的保護構造，得以在海洋中存活下去，也或許是因為硬殼更

容易形成化石，所以讓人忽略了其他生物的存在也說不定。到後期，哺乳類與鳥類由爬蟲類的分支悄悄演化出現，能自主的調控體溫不受外界環境影響，讓這兩類動物更能適應不同的環境，醞釀出下一次的霸主更替。

另一方面，植物的演化也非停滯不前，為了更有效率的傳播花粉與種子，花朵與果實從裸子植物的祖先群中演化而出，造就了被子（開花）植物的出現，現今我們所見的各種豔麗花朵就源自於此。根據推測，6500萬年前的中生代末期也許發生了隕石撞擊或其他環境的劇變，導致恐龍的集體滅亡，宣告這個時代的結束，倖存下來的生物中，最占優勢的哺乳類、鳥類與開花植物便接手主宰了這個新時代──新生代。

這是地球的故事，而化石提供我們說故事的佐證，從地球誕生到現在的漫長歲月裡還有許多精采的故事片段，讓我們一起期待下一個新化石所帶來的精采故事吧！

挑戰閱讀王

看完〈大地的寶藏──珍貴卻不昂貴的化石〉後，請你一起來挑戰下列的幾個問題。答對就能得到👍，奪得 10 個以上，閱讀王就是你！加油！

（　　）1.地球誕生至今的地質年代不包含下列何者？（這一題答對可得到 1 個👍哦！）
　　　　①古生代　②中生代　③超生代　④新生代

（　）2. 地質年代的劃分通常以何者為分界？（這一題答對可得到 2 個👍哦！）

①每 1 億年　②代表性生物的滅絕　③新生物的出現　④地球公轉一圈

（　）3. 下列何者是中生代的代表性物種？（這一題答對可得到 2 個👍哦！）

①恐龍　②三葉蟲　③草履蟲　④長毛象

（　）4. 關於化石的敘述何者正確？（這一題答對可得到 3 個👍哦！）

①化石一定很貴　②臺灣沒有化石　③化石是演化的證據

④只有海邊有化石

（　）5. 下列關於菊石的敘述何者錯誤？（這一題答對可得到 3 個👍哦！）

①是一種類似軟體動物的生物　②是中生代海洋的代表性物種

③是生活在海洋中的生物　④具有像蛤蜊一樣的兩片貝殼

延伸思考

1. 化石的形成通常是生物遺骸需要快速的被泥沙掩埋，你認為哪些地方比較容易有化石形成？

2. 透過文章描述，請你推測為何地球誕生後沉寂到 5.4 億年前才發生「生命大爆炸」？

3. 我們現在所處的時代為新生代，你認為這個世代會在什麼事件後結束呢？

4. 人類可說是新生代的主宰，你認為人類比起其他生物有什麼優勢呢？

5. 古生代海洋中的代表性生物為三葉蟲，這種生物的滅絕原因鮮被討論到，請上網搜尋相關資料後，整理出合理的說法。

6. 恐龍滅絕原因眾說紛紜，有隕石撞擊、火山噴發甚至是超強颶風等，請查閱相關資料，說明你認為最合理的原因。

你吃的是
植物的
生殖器官 嗎？

平常你在吃東西的時候，有留意過自己吃了植物的哪些器官嗎？
植物的器官各有各的功能，但有些器官卻比你以為的還厲害！

撰文／張亦葳

植物有器官嗎？——別懷疑！就像人體有器官，例如：眼、腦、心臟、小腸、膀胱等，植物也是有器官的，而且你一定聽過。植物的根、莖、葉、花、果實、種子，就是它們的器官。這六大器官之中，前面三個：根、莖、葉，又叫做「營養器官」，與植物的養分吸收、運輸及製造有關，可以讓植物順利長大；後面三個：花、果實、種子，則屬於「生殖器官」，與植物的傳宗接代有關，可以讓植物成功繁殖出下一代。

如果再接著問：「那你會區分這些器官嗎？」你也許會翻白眼，心想：「這麼簡單誰不會！根就在土裡細細一條條的、莖就直直長長的、葉就一片片綠色的……」然後腦海中很自然的冒出右上圖的畫面。

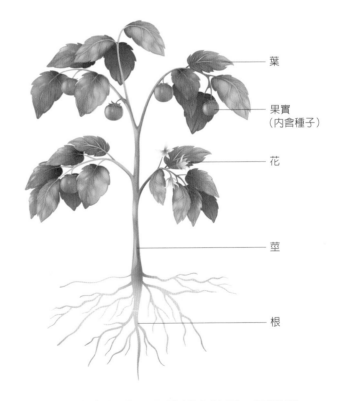

葉

果實
（內含種子）

花

莖

根

既然這麼有信心，不妨就來接受一下挑戰吧！看看你知不知道平常都吃了植物的什麼器官。

食物大考驗

圖片來源：Flickr/Gary Stevens（CC BY 2.0）（甘蔗）、Flickr/dogo1aca（CC BY 2.0）（蘿蔔）、Flickr/m.shattock（CC BY-SA 2.0）（金針菇）、Pixabay（花生）

Q1 ：難度★

在臺灣，一年四季都吃得到好吃的水果，連冬天也不例外。請問：常見的香蕉、草莓、百香果、椪柑、小番茄、甘蔗、芒果，我們吃的部位都是植物的果實嗎？

Q2 ：難度★★

天氣變冷的時候，吃著暖呼呼的火鍋會感覺很幸福。肉片、金針菇、紅蘿蔔、大黃瓜、玉米筍、芋頭、茼蒿……你喜歡吃什麼火鍋料呢？啊，這不是重點。重點是：剛才提到的這些火鍋料之中，共有幾種屬於植物的根、莖、葉呢？

Q3 ：難度★★★

在學校上了一天課，好累喔，一回到家發現媽媽已經準備好一桌的愛心晚餐，真開心！都是我喜歡吃的耶！有番茄炒蛋、馬鈴薯燉肉、蒜頭炒高麗菜、小魚乾花生米、茭白筍炒雞絲、蓮藕排骨湯，太棒啦！我忍不住開始大快朵頤。一邊吃著一邊在思考：嗯……眼前的食材中，到底有幾種是植物的生殖器官呀？

解答

A1 ：不是

→甘蔗吃起來多汁又甜的部位是莖，其他列舉的水果才都屬於果實。

我是莖的部位喔！

A2 ：三種

→我們吃的紅蘿蔔是塊根、芋頭是塊莖，茼蒿則是葉，所以共三種。玉米筍是小時候的玉米，屬於果實；大黃瓜也是果實。（什麼？你問金針菇？！它是菇類，屬於真菌，根本不是植物啦！）

我的分類在真菌界啦！

我是根的部位，請看我有鬍鬚為證～

A3 ：二種

→番茄是果實、花生米是種子，所以共二種。馬鈴薯是塊莖、蒜頭是鱗莖和葉瓣、茭白筍是膨大的莖、蓮藕是地下莖。你都答對了嗎？

我的硬硬外殼是果皮，棕紅色的薄膜是種皮，裡面包著小種子。

我有問題！

常聽有人說「開花結果」，所以果實是由一整朵花變來的嗎？

被子植物典型的完全花構造包括：花瓣、雄蕊、雌蕊和花萼等部位。一般而言，雄蕊的花粉（內含精細胞）順利抵達雌蕊完成授粉，會形成花粉管一路通往雌蕊的子房，再與子房內胚珠的卵細胞結合。成功受精後，子房逐漸發育成果實，而胚珠則會形成種子。在子房發育的過程中，花萼、花托或其他相連的部位也可能和子房一起長成果實。

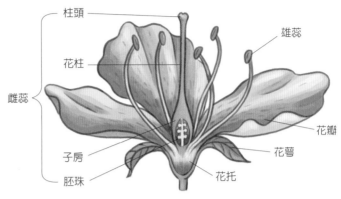

▲典型的完全花構造。

當然，一朵花不一定只有一個雌蕊，一個雌蕊也不一定只有一個子房，一個子房更不一定只有一個胚珠。花的內部構造決定了果實的形態，所以才會出現各式各樣的果實。甚至，某些植物的果實是由很多朵花共同發育而成。除此之外，某些植物還可以「單性結果」，也就是未受精卻發育出果實來。

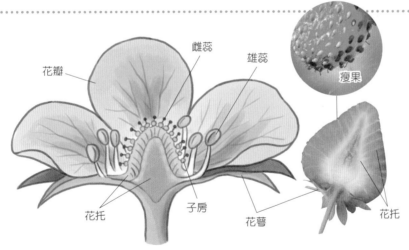

◀一朵草莓花有許多單獨分開的雌蕊，而一顆草莓其實是由花托和這些雌蕊的子房共同發育而成，屬於一種集生果或聚合果（aggregate fruit）。也就是說，平常我們在草莓表面看到的那些小黑點才是它真正的小果實（子房發育而成的瘦果）。其他像釋迦、覆盆子等，也是聚合果。

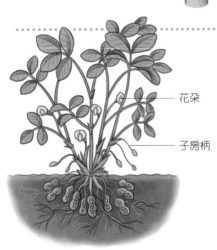

◀花生的植株開花授粉後，子房柄會往下伸長鑽進土裡結果，所以又有人叫它土豆或落花生。很特別吧！你可千萬別把它的果實當成塊根了喔！

◀很多人愛吃的鳳梨則是由同一花序的很多朵花共同發育而成，這種果實就叫做複果、多花果或聚花果（multiple fruit）。而無花果、桑樹的果實桑葚也是聚花果。

每個小單果是由一朵小花發育而成

繪圖：林麗娟；圖片來源：Pixabay（草莓、鳳梨）

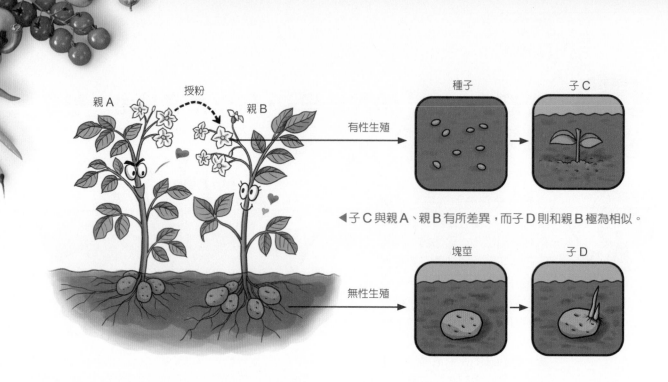

授粉

親 A　　　　　親 B

種子　　　　子 C

有性生殖

◀子 C 與親 A、親 B 有所差異，而子 D 則和親 B 極為相似。

塊莖　　　　子 D

無性生殖

植物的有性生殖 vs 無性生殖

能正確區分植物的營養器官和生殖器官之後，接下來的問題是：「植物真的都只靠生殖器官來繁殖後代嗎？」

通常，種子植物會以種子（也就是它的生殖器官）來發育成新的個體。在形成種子之前，植株細胞必須先經由減數分裂產生精細胞和卵細胞，然後二者再發生受精作用才行，所以過程中就會有基因重組的現象，使得所產生的新植株和原本的植株不盡相同，

提高了後代的變異性，這屬於有性生殖。

但其實，某些種子植物也可以直接透過根、莖或葉（也就是它的營養器官）不斷的細胞分裂，產生出新的個體。它們不需要形成種子、等待種子傳播以及等待種子萌芽，所以繁殖的速度比較快，而且還能完整的保留原本植株的優良性徵，這屬於無性生殖（見上圖）。

只是呀，如果從另一個角度來看，沒有基因重組就代表沒有遺傳變異，除非基因突變

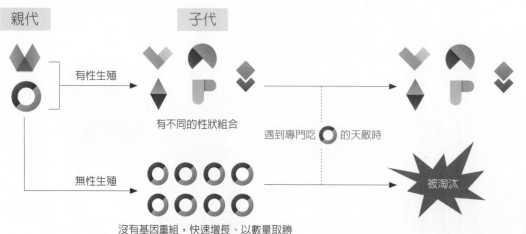

親代　　　　子代

有性生殖

有不同的性狀組合

遇到專門吃 ⬤ 的天敵時

無性生殖

被淘汰

沒有基因重組，快速增長、以數量取勝

（機率超級低就是了），否則個體和個體之間幾乎沒什麼差異，一旦環境發生變化無法適應，或遇到無法抵抗的病原體，就會全部滅絕，而遭到淘汰（如左頁下圖）。

而植物繁殖的最終目的，是為了產生後代。到底要用哪一種方式繁殖？通常植物會選擇對自己較有利的方式去進行，可能會視環境條件而定。但現在人類的科技實在太發達了，有時候會替植物決定該如何繁殖，而且常常是以無性生殖的方式（例如：扦插、組織培養等）。這種人為的介入，對於自然環境或植物來說，究竟是好是壞呢？大家可以好好的思考看看。

最後，一起來更進一步認識光靠營養器官就能長出新個體的三種常見植物吧！

用莖繁殖的植物

我們吃的是香蕉的果實沒錯，但吃得到果實的植物卻不見得是用種子來繁殖喔，香蕉就是一個很好的例子。

事實上，香蕉的種子早就在不斷人工改良品種的過程中逐漸退化了，只依稀可見一顆一顆的小黑點而已，所以沒辦法用它們來種出香蕉。那香蕉到底要怎麼繁殖呢？答案是「地下

莖」。顧名思義，香蕉的莖是位在地底下的；我們看見在地面上、一直以為是香蕉樹的那根像樹幹的東西，其實是葉鞘一層層覆蓋圍繞形成的假莖，不是真正的莖。香蕉的地下莖除了會向下生根、向上長葉之外，還會發芽！它萌發的新側芽（又稱吸芽），可以從土中長出，也就是再形成假莖、成長、開花結果。

因為一株香蕉一生只開花結果一次，蕉農在採收完香蕉之後，就會把假莖「砍掉重練」。隨著時代的進步，現在很多蕉農不會等待地下莖自然萌芽，而是直接採用組織培養出的幼苗來種植。

▲從香蕉原本植株的地下莖所長出的吸芽。

◀香蕉有雄花、中性花和雌花三種花。最末端是雄花的花苞，中間是子房很小、退化的中性花，靠近基部的則是已發育為果實的雌花。

雌花結的果實

中性花

雄花包覆在裡面

香蕉的果實由雌花的子房發育而成，因此，一旦準備結果，應該先把雄花和中性花切除，以免果實生長所需要的養分被瓜分掉了。

▼草莓的走莖上有節，節的部位碰到土壤會向下生根、向上長葉，形成另一個新植株。

走莖

節

草莓

　　吃得到果實卻不見得是用種子來繁殖的另一個例子，是草莓。

　　草莓常透過它的「走莖」（匍匐莖）產生新植株，是無性生殖的方式。當然，草莓也能用種子進行有性生殖，但花費時間很長、比較困難。對農夫來說，用甜又大的草莓的種子去種植之後，好不容易收成到的可能是酸又小的草莓，根本不划算嘛！相反的，如果直接拿長最好的草莓植株走莖去分株繁殖，不但長得快，還能維持好品質。所以市面上的草莓幾乎都是無性生殖而來的。

竹子

　　和香蕉一樣，竹子也會用地下莖繁殖。不同的是，香蕉的地下莖屬於塊狀或球狀，而

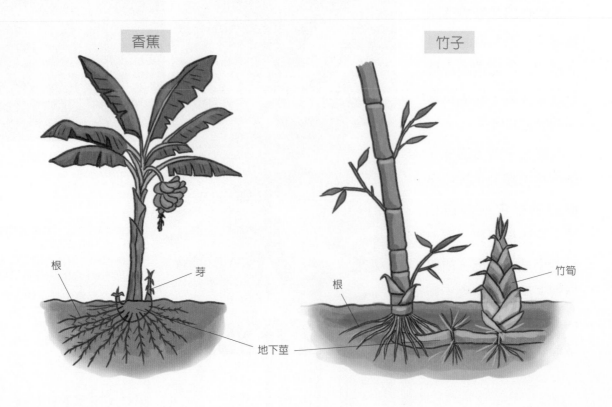

香蕉

根

芽

地下莖

竹子

根

竹筍

繪圖：林麗娟

54

合軸叢生：綠竹筍　　　　　　　單桿散生：桂竹筍

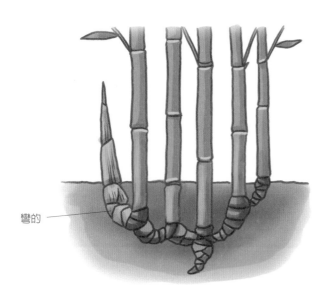
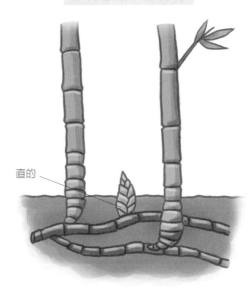

彎的

直的

▲不同種的竹子有不同形態的地下莖，使得長出的竹筍也有分直的和彎的。

竹子的地下莖常為條狀（如左頁下圖）。

　　竹子會從地下莖的節向下長根，並且萌芽。萌芽後，還埋在土裡、嫩嫩的幼莖，割下來就是我們平常吃的竹筍。等到它完全冒出土之後，會開始木質化，並且快速長成另一株竹子，尤其是在春、夏季的時候。所以，能採收竹筍的時間相當短暫，動作要快才行。

　　不過你知道嗎？其實竹子也會開花結果喔！而且落地的種子也具有繁殖能力。只是竹子的開花週期長達十幾年、幾十年到百年不等，還受到環境和氣候變化的影響，因此很難預測正確的時間點，真的是可遇不可求啊。而當竹子一旦開花結果，消耗了大量養分，通常接下來就會乾枯死亡，就像用盡一生的力量只為開這一次花似的。 科

▲竹子開花就是邁向死亡的時刻……這對於貓熊來說不是好消息。

作 者 簡 介

張亦葳　臺灣師範大學生物系畢業、美國麻州波士頓學院教育碩士，曾經是國高中生物老師，喜愛文字、科學和所有美好的人事物，相信生命的無限可能。

圖片來源：Wikimedia Commons/Mogens Engelund（CC BY-SA 3.0）

55

你吃的是植物的生殖器官嗎？

國中生物教師　沈秀妃

關鍵字：1. 營養器官　2. 生殖器官　3. 單性結果　4. 有性生殖　5. 無性生殖

主題導覽

　　記得剛開學的一天中午，學生們吃完營養午餐，正快樂的拿起飯後水果香蕉，剝皮後放入口中，冷不防的我問他們：「你們吃的是植物的生殖器官嗎？」他們瞪大眼睛，張著嘴，望著手上的香蕉，露出不可思議的表情。是的，香蕉就是生殖器官，男生追求女友時送的花和我們常吃的各式各樣堅果，例如杏仁、花生等種子，這些都是生殖器官。

　　植物的結構組成沒有區分系統層次，它的六大器官便分成二大類，為了獲得營養而有的根、莖、葉是營養器官，為了繁殖後代而有的花、果實、種子則是生殖器官。這裡就用番茄來介紹。番茄原產於中、南美洲的墨西哥到祕魯一帶，明朝時葡萄牙人把它帶入中國，稱它「西紅柿」，臺灣人叫它「柑仔蜜」。

　　番茄是一年生的雙子葉植物，軸根可以吸收水分並固著植物體，而莖支持植物向上以獲得陽光，它的主莖高到 30 公分就容易倒伏，因此農夫常用小竹竿建支架使植株直立，以免番茄果實碰到潮濕的地面而爛掉。葉子為網狀脈，有絨毛和油腺，可散發特殊味道驅蟲。

　　番茄的花雖小卻五臟俱全，有五個萼片

和五片黃色的花瓣，開花後期花瓣會向後翻開。番茄為完全花，每朵花有雄蕊包著雌蕊，雄蕊的花粉可落在雌蕊上「自花授粉」而結果實。但果實的大小，是依據多少胚珠受精而決定，每一個胚珠都需要一個由花粉管送入的精細胞行受精作用，當全部的胚珠都受精時，所結的果實最大；換句話說，種子愈多的番茄，果肉也會愈多。因此，能「自花授粉」的番茄，通常也需要一些外力幫忙，例如借用風力、蜜蜂、蝴蝶或人力的幫忙，把花粉搖落，而達到完全授粉。事實上，除了番茄，其他茄科植物如茄子、辣椒、馬鈴薯等也常需這種外力的幫忙。

花托　萼片　花瓣　雄蕊包覆雌蕊

　　番茄是在胚珠受精後，花瓣掉落，子房發育為果實而胚珠發育為種子，逐漸長成肉質漿果，果肉質地鬆軟，充滿汁液富含番茄紅素和胡蘿蔔素，因此呈現鮮紅色、橙色

子房形成的果實　萼片　胚珠形成的種子

圖源：Flickr/Audrey、沈秀妃

或綠中帶紅。俗話說：「番茄紅了，醫師的臉就綠了。」它的營養價值很高又很便宜，是同學可以多吃的一種經濟又實惠的蔬果。

　　生物的生殖方法分為二大類，有精卵結合才能產生後代的是有性生殖，例如前面介紹的番茄。至於不須精卵結合就能產生後代的是無性生殖，例如馬鈴薯除了開花產生種子來繁殖，也可以用塊莖來繁殖，這就是無性生殖。育種家利用雜交方法得到的種子進行植物新品種選育；而一般農夫則傾向保存已知的優良品種，喜歡用植物的根、莖、葉等來進行「營養器官繁殖」，這樣可以得到穩定的品質並且所需的時間較短。唯一擔心的是若得到病蟲害，因為大家基因完全相同，可能會全軍覆沒。

　　有些植物的果實可以未經受精而發育，這種特性稱為「單性結果」，這樣會長出無籽果實。「單性結果」最常見的原因是授粉失敗或配子喪失功能。許多植物具有「自交不親和性」的基因，此種基因使植物只容許來自不同遺傳基因的雌雄親代交互授粉。種植柑橘的農人便利用這種特性生產無籽水果，例如臺東出產的臍橙最大特色便是無籽，它被種植在基因相同的無性生殖複製株果園中時，便失去產籽的能力，而由於它們是「單性結果」，所以仍可產生果實。

　　其實臺灣很多果農為了控制品質，絕大部分都採用嫁接方式來繁殖，例如柑橘、芭樂等。以嫁接柑橘為例，要採用同為柑橘屬植物做為砧木，在砧木的橫斷面從「形成層」部位往下縱切一部分，接穗用的柑橘枝條或腋芽則切去一部分表皮，讓二者的形成層互相密接，再用繩子紮緊並用塑膠套包好，大約等一到二星期後，新的組織長出來就表示嫁接成功了。只要照顧得當，基本上四到五年後就可以生產橘子，而且產出的柑橘就像嫁接的品種一樣的甘甜美味。

挑戰閱讀王

看完〈你吃的是植物的生殖器官嗎？〉後，請你一起來挑戰下列的幾個問題。

答對就能得到👍，奪得 10 個以上，閱讀王就是你！加油！

（　　）1.下列何者是利用營養器官繁殖的無性生殖呢？（這一題答對可得到 1 個👍
　　　　哦！）
　　　　①香蕉用地下莖繁殖　②芒果用種子繁殖　③用花生米來繁殖
　　　　④拿南瓜子來繁殖

（　）2.甘蔗有紅皮和綠皮二種，台糖公司就是用綠皮甘蔗汁製砂糖，若用綠皮甘蔗進行營養器官繁殖，則栽培出的甘蔗是？（這一題答對可得到2個👍哦！）

①全部紅皮　②全部綠皮　③一半紅皮，一半綠皮　④無法預知

（　）3.自從小華去大湖採草莓後，便想在家裡種植一樣甜的草莓，則小華應取何處來繁殖草莓？（這一題答對可得到3個👍哦！）

①一個果實　②一粒種子　③一段匍匐莖　④一片葉子

（　）4.利用根、莖、葉等營養器官繁殖的最大優點和目的是？（這一題答對可得到3個👍哦！）

①速度較快　②降低成本　③較易培養　④保留親代優良品種

（　）5.下列那種生物的生殖過程中，基因有新的組合？（這一題答對可得到2個👍哦！）

①竹子用地下莖繁殖　②馬鈴薯用塊莖繁殖　③甘藷用塊根繁殖
④番茄產生種子來繁殖

延伸思考

我們常呼籲要保存生物多樣性才是讓生態系永續生存的方法，這包括遺傳多樣性、物種多樣性和生態系統多樣性三個層次。

1.人類運用各種育種的技術替植物選擇繁殖的方法，例如香蕉就在人類不斷改良下，種子已退化成不育的，根本無法種出香蕉來，這樣能讓香蕉保持它的遺傳多樣性嗎？這樣對地球是好的嗎？

2.我們是否該保存那些果實小或不太甜的野生種作物呢？

血液

裡的祕密

血液是人體補給養分的運輸網，如果因為受傷或動手術需要輸入大量血液，就需要調出血庫的血液來使用，但要留意不同血型的限制唷，這次就來認識它們有何不同吧。

撰文／劉育志

圖片來源：Freepik

「**小**志醫師，捐血會不會很可怕？」雯琪問。

「捐血過程跟抽血差不多，只是會用粗一點的針頭，也需要久一點的時間。」我說。

「昨天我回家的路上看到一輛捐血車，還有缺 O 型血的告示。」雯琪說：「因為我是 O 型血，所以有點想要去捐血。」

「你應該不能捐血吧。」文謙說。

「為什麼？」雯琪問。

「因為體型太小。」我說：「人體血液約占體重的十三分之一，體重 70 公斤的人，全身血液大約有 5000~6000 毫升，每次捐血的量要 250 毫升，影響不大，但像你們這些中小學生，瘦瘦小小，體內的血量有限，一次流失 250 毫升，可能影響健康，就比較不合適。」

「那我可以嗎？」威豪雙手插腰，挺起胸膛秀出壯碩的體格，「我已經四十幾公斤囉。」

「根據目前的法規，要 17 歲以上捐血會比較合適。」我說：「不要急，再過幾年就能捐血助人囉。」

「小志醫師，我想問個問題。」莉芸說：「上一次我去探望一個住院開刀的親戚，醫師說要幫他輸血，不過後來掛在點滴架上那幾袋血卻是黃色的……」

「怎麼可能有黃色的血？」威豪大吃一驚。

「讓我先考考大家。」我反問：「請問人類的血液裡有什麼東西？」

血液的成分

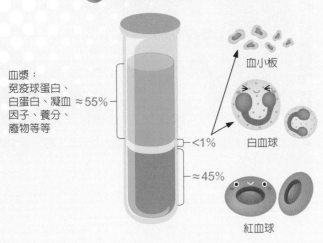

血漿：
免疫球蛋白、
白蛋白、凝血
因子、養分、
廢物等等 ≈55%

<1%

≈45%

血小板

白血球

紅血球

「紅血球！」雯琪率先搶答。

「白血球、血小板。」文謙跟著回答。

「欸，你怎麼可以說兩個？」威豪瞪了文謙一眼，「這樣我就沒得講了啊。」

「不要急，除了血球之外，血液中還有很多東西呢。」我說。

「還有什麼？」同學們問。

「將血球拿掉之後，剩下的部分是血漿。血漿中含有免疫球蛋白、白蛋白以及多種凝血因子，都是維持身體運作的重要成分。免疫球蛋白可以幫助我們對抗細菌、病毒等感染；白蛋白能維持血液滲透壓；凝血因子則會在受傷時迅速發揮作用，避免失血過多。」我說：「由於血液的成分很多，功能各不相同，保存期限也不相同，所以大家捐出去的血液，在經過檢驗確定沒有 B 型肝炎、C 型肝炎、人類免疫缺乏病毒之後，大多會進行成分分離。如此一來便能依據患者的需求提供合

適的血液製品。」

「我懂了，如果患者缺紅血球，就能輸紅血球；如果患者缺血小板，就能輸血小板。」雯琪說。

「沒錯，這樣能讓大家捐的血發揮更大的功效，也對患者有更直接的幫助。」我對莉芸說：「所以你在醫院看到的可能是血漿或血小板。」

「這太方便了，以後如果生病，我們就去輸一袋白血球，增強抵抗力！」威豪舉一反三的說。

「這可不行！」我說：「簡單來說，免疫系統是我們每個人專屬的『私人軍隊』，對免疫系統來說，入侵的病原體是敵人，其他人的細胞也是敵人。輸注別人的白血球後，體內將會引發一場混戰。許多患者在輸血後出現發燒、急性肺損傷等反應，都和白血球有關。所以處理血品時還會進行白血球減除，以降低這種併發症。」

白血球免疫軍隊

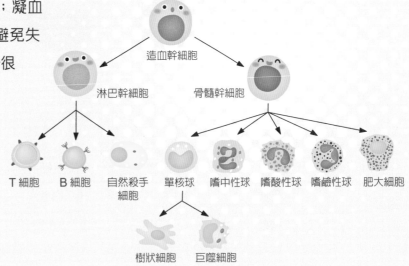

造血幹細胞

淋巴幹細胞　　骨髓幹細胞

T 細胞　B 細胞　自然殺手細胞　單核球　嗜中性球　嗜酸性球　嗜鹼性球　肥大細胞

樹狀細胞　巨噬細胞

繪圖：小比

什麼是血型？

「小志醫師，什麼是血型啊？」莉芸問。

「想知道什麼是血型，一定要先認識輸血的歷史。」我說：「輸血這個概念，在 21 世紀的今天大家都覺得稀鬆平常，不過這可是經歷漫長的演進。我們曾經說過，幾千年來，世界各地的人們皆相信『放血』可以治療病痛。直到 17 世紀，才開始有人提出輸血這樣的概念。那時候當然沒有血庫，也沒有抗凝血劑，甚至連合適的針頭、導管都沒有，你們覺得醫師該如何替患者輸血呢？」

同學們搖了搖頭。

「他們會切開小羊的動脈將血液導入患者的血管。」

「小羊！」威豪跳了起來。

「因為血液都是紅色的，看起來沒什麼兩樣，而且他們認為清純小羊的血液能淨化患

▲奧地利的幣制改為歐元之前，1000 先令紙幣上有紀念蘭德施泰納的肖像。

者的心靈，並且治癒疾病。」

「羊血和人體應該不合吧⋯⋯」文謙說。

「異種輸血會造成嚴重的輸血反應，甚至導致患者死亡。過去，人們也曾試過『輸羊奶』，不過當然沒有好結果。」我說：「直到 19 世紀，才終於有人對人輸血的成功案例。然而，即使是同種輸血，依然有點像賭博，有些患者活了，有些患者死了，大家都沒有把握。」

人們主要的 ABO 血型系統

血型	A 型	B 型	AB 型	O 型
紅血球型態				
表面抗原	A 抗原	B 抗原	A、B 抗原	無
血漿裡的抗體	B 抗體	A 抗體	無	A、B 抗體
受血	A、O 型	B、O 型	全適用	O 型
捐血	A、AB 型	B、AB 型	AB 型	全適用

抗原 - 抗體凝集反應

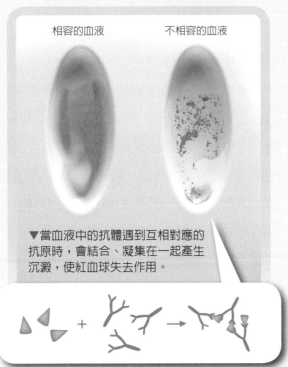

相容的血液　　　　不相容的血液

▼當血液中的抗體遇到互相對應的抗原時，會結合、凝集在一起產生沉澱，使紅血球失去作用。

「解開這個謎題的是蘭德施泰納，他在1901 年發表論文告訴大家，人類有不同血型，不同血型的血液混在一塊兒便會產生凝集反應。」

「為什麼會出現凝集反應呢？」威豪問。

「因為我們的紅血球帶有不同的抗原，血漿中則存在不同的抗體。」我問：「請問有誰的血型是 A 型？」

莉芸舉起手：「我是 A 型。」

威豪跟著道：「我是 B 型。」

「莉芸的紅血球帶有 A 抗原，血漿中有對抗 B 抗原的抗體；至於威豪的紅血球則帶有 B 抗原，血漿中有對抗 A 抗原的抗體。」我道：「如果把 A 型血輸給 B 型的人，A 型的紅血球就會與對抗 A 抗原的抗體結合，而失去功能。」

「雯琪是 O 型，她的紅血球上沒有 A 抗原，也沒有 B 抗原，所以 O 型血可以輸給各種血型的人。因此當患者大出血狀況緊急時，血庫可以直接提供 O 型血來救急。至於 AB 型的人，其紅血球上同時帶有 A 抗原與 B 抗原，而血漿中兩種抗體都沒有。」

「原來如此。」威豪用力的點點頭。

「搞懂了血型，輸血的可靠性、安全性皆大幅提升。因為這項重要的發現，蘭德施泰納在 1930 年獲頒諾貝爾獎。」我道：「第二次世界大戰的爆發，使血液需求量大增，進而催生了各種血液製劑，造福無數患者。」

「之前看過一則新聞報導說，某位車禍傷患在手術搶救的過程中輸了上萬毫升的血液。」文謙說。

雯琪說：「哇！一個人身上的血液總共才五、六千毫升，居然能輸上萬毫升！」

我點點頭說：「在醫院偶爾會遇上這種狀況，開刀過程中血如泉湧，幸虧有血庫的全力支援，醫師才有機會把人救回來。」

血型與個性有關嗎？

「輸這麼多血，會不會怎樣啊？」莉芸問。

「這類患者雖然能靠大量輸血挽回一命，但是後續還會面臨很多問題，諸如溶血、凝血功能障礙、急性肺損傷等，所以通常得住進加護病房，直到病況穩定。」

「假使身上流的都是別人的血液，他的個性會改變嗎？」威豪問。

「你們覺得呢？」

「人家都說Ｏ型的人樂觀、外向，Ａ型的人比較害羞、保守。如果將很多Ｏ型血輸給Ａ型的人，搞不好那個人的個性就會變得不太一樣。」威豪猜測。

「應該不會吧。」文謙搖搖頭。

「用血型來論斷性格的說法很受歡迎，網路上談血型的文章多到目不暇給。許多人都能如數家珍的講出各個血型的特點，並套用在自己、家人或朋友的身上，說得頭頭是道。甚至還有人在交男女朋友的時候，會把這些資訊納入考量。」我說：「很可惜，用血型來推論性格，就跟占星術一樣，都不可信。」

「真的嗎？可是我表哥說，血型學說是古人統計分析出來的結果。」雯琪說。

「過去的確有人發表論文試圖解釋血型與性格的關係，不過他所使用的研究方法並不可靠，貿然做出的結論也過於草率。」

「既然不可靠，為何會廣為流傳呢？」

「這樣說吧，一個理由是『神祕學』對人類而言天生具有難以抗拒的吸引力，自古以來，各個文明總會嘗試操控自然現象、預測未來，而發展出各式各樣的儀式、咒語，也有許多位高權重的祭司。占星、紙牌、顱相、面相、手相、筆跡等各種相術都極受歡迎，擁有龐大的信眾與市場。」

「另一個理由比較負面，也帶有政治目的。像是納粹認為自己屬於較尊貴、較高等的種族，所以會試圖導入科學術語來強化種族偏見。至於日本政府則曾經在霧社事件後調查臺灣各族群的血型，想要找出何種血型的人比較容易反抗。」

「小志醫師，你說用血型看性格不可信，但是我覺得還蠻準的耶。」莉芸說。

「其實你們只要仔細觀察，便會發現各種相術都是用類似的手法來贏得人們的信任。我們可以拿一段敘述來瞧瞧。」我隨手點開一個談論血型的網頁，裡頭有段文字這麼寫：「為人善良，是不太會說謊的老實人，態度親切，思想十分開明，富有創意，心思靈活多變。個性隨和，但在必要時總是擇善固執。」

待大家讀完後，我問：「你們覺得這段描述和你的血型符不符合？」

威豪點了點頭，雯琪則聳了聳肩。

我說：「其實這段話幾乎對任何人都適用。因為我們大概都期許自己是善良、隨和、思想開明、富有創意又擇善固執，沒有人會拒絕相命術士將這些恭維套在自己身上。模糊、籠統是相術慣用手法，人的大腦總會自動採納那些自己喜歡、自己相信的部分。巧妙的借用科學語言又能加深人們的信心。甚至在相信之後，人們可能改變自己的行為模式，去趨近這些描述。」

發現血型是醫學史上重要的里程碑，認識了這段歷史並了解血型的含義，才不會被善於穿鑿附會的江湖術士牽著鼻子走。 ㊣

作 者 簡 介

劉育志　筆名「小志志」，是外科醫生，也是網路宅男，目前為專職作家。對於人性、心理、歷史和科學充滿好奇。

血液裡的祕密

國中自然科教師　葉朝欽

關鍵字：1. 主動運輸　2. 擴散　3. 溶液　4. 抗體　5. 黏滯性

主題導覽

　　你有沒有發現，人類社會的運作模式經常模仿身體的系統或器官？因為身體的系統效率很高！可以這麼解釋：生物經過幾億年演化，保留下來的身體功能幾乎是最適合生存與最有效率的設計！如果將循環系統比對交通系統，你將發現，血液裡面有快遞運輸、公路警察、道路維修……。

　　我們知道，細胞必須與環境交換物質與能量來維持生命，物質可透過擴散作用或主動運輸的方式進出細胞。光合作用所需的 CO2 及呼吸作用所需的 O2 可透過擴散進出細胞膜，然而這個速度實在太慢了。因此，當演化走到多細胞生物的階段，首要解決的問題就是如何讓每個細胞快速得到所需要的物質與能量，而生命巧妙的演化出循環系統（高大植物則是演化出輸導組織）來解決，它的主要架構就是血管。

　　打從你在子宮中由受精卵開始慢慢變成胚胎，進而準備來世上報到，你的血管就按部就班的鋪設在每個細胞周圍。血管就像道路，而血管裡的大小傢伙得自己裝引擎帶輪子嗎？不，這太浪費能量了，我們不妨這樣想：細胞內外都是水，水又有不可壓縮性，你看水龍頭一打開，長長水管中的水就流出來；擴散又只能在液體或氣

體狀態進行。因此血管裡裝的物質首選當然是水，讓每個細胞雨露均霑還順便送贈品！這些贈品與搭便車的乘客就是血球、抗體、激素、葡萄糖與消化後的小分子；若含有蛋白質與脂肪酸就會使血液變黏稠，你可以試著在家泡一杯穀粉加擂茶，就知道黏稠的狀態。

　　大血管就像高速公路，血管分枝就像來到收費站，大家都得慢下來，完成交貨取貨的任務，一下交流道來到器官城市就得逐步減速，原因是道路減縮（進入小管徑）後黏滯性更高！進入小巷要更慢，否則擴散還沒完成又被沖走，細胞一定氣沖沖打客服專線抱怨。血溶液中混合了固體、氣體，而濃度決定了反應速率及擴散難易，因此身體某些器官的機制掌控了各種乘客的濃度。

　　紅血球無疑的是雙層巴士，這細胞裡有很多客艙，讓尊貴的血紅素安穩的坐著，每個血紅素端著細胞所需的氧氣，當中有一個叫做一氧化碳的強盜會強占座位，坐住了就很難趕走（除非用高壓氧），你得隨時注意這個傢伙；公路系統是最容易走私犯罪的轉移工具，那些來自體外的壞蛋當然要有專人處理，也就是白血球。白血球是警界的專案小組，組織複雜分工精細，

一次負責一個大案子，抓過的壞蛋還會終身銘記；血小板是細胞碎片，擔任修補大隊，防堵外物入侵或失血。如果經費短缺，血管潰堤，你的傷口難以癒合，不是失血過多就是細菌感染。

目前科技可以人造血漿，也可以用透析及離心機來分離血液中各種成分，但要製造血球恐怕還要走很長的路。因此目前醫學還是需要輸血來挽救失血過多的問題。輸血的凝血問題在〈血液裡的祕密〉中有詳細的解析，所以每個人需要確認自己的血型以便在緊急時能救人一命。

挑戰閱讀王

看完〈血液裡的祕密〉後，請你一起來挑戰下列的幾個問題。

答對就能得到👍，奪得 10 個以上，閱讀王就是你！加油！

（　）1.下列哪一種物質不會在血管中發現？（這一題答對可得到 2 個👍哦！）
①紅血球　②免疫球蛋白　③激素　④消化酵素

（　）2.如果血液是靠心臟產生高壓的壓力差來推動，那哪種血管必須能承受較高血壓？（這一題答對可得到 2 個👍哦！）
①動脈血管　②靜脈血管　③微血管　④腦血管

（　）3.以下哪種血液中的小組織具有細胞核？（這一題答對可得到 2 個👍哦！）
①成熟紅血球　②白血球　③血小板　④激素

（　）4.有關血型的觀念，下列哪一項敘述比較合理呢？（這一題答對可得到 2 個👍哦！）
① O 型血可以輸血給其他血型，所以 O 型人一定比較慷慨大方
② O 型血可以輸血給其他血型，可能因此血庫裡 O 型血容易鬧血荒
③ AB 血型能接受四種血型的血，所以 AB 型的人不用捐血
④體型壯碩的人就應該多捐血

（　）5.以全身細胞都需要被調節的角度來思考，下列哪種系統不需要建構全身網路？（這一題答對可得到 2 個👍哦！）
①循環系統　②神經系統　③消化系統　④淋巴系統

延伸思考

1.既然血液有不可壓縮性，心臟施壓推動血流，那開放式循環的身體結構需要哪種條件？閉鎖式循環的血管設計為何要有彈性？

2.你知道氧氣難溶於水，所以血紅素是一種高效率的攜氧分子。請你查閱是否所有生物的血液都是紅色的？決定血液顏色的因素是什麼？

3.一個創造性的思考：循環系統的高效率可以對應到目前正夯的物聯網，物聯網缺乏了哪些思維？也許忽略了廢物排除的一環喔！生物演化中為何會設計不同血型？有些學者有精闢見解喔！

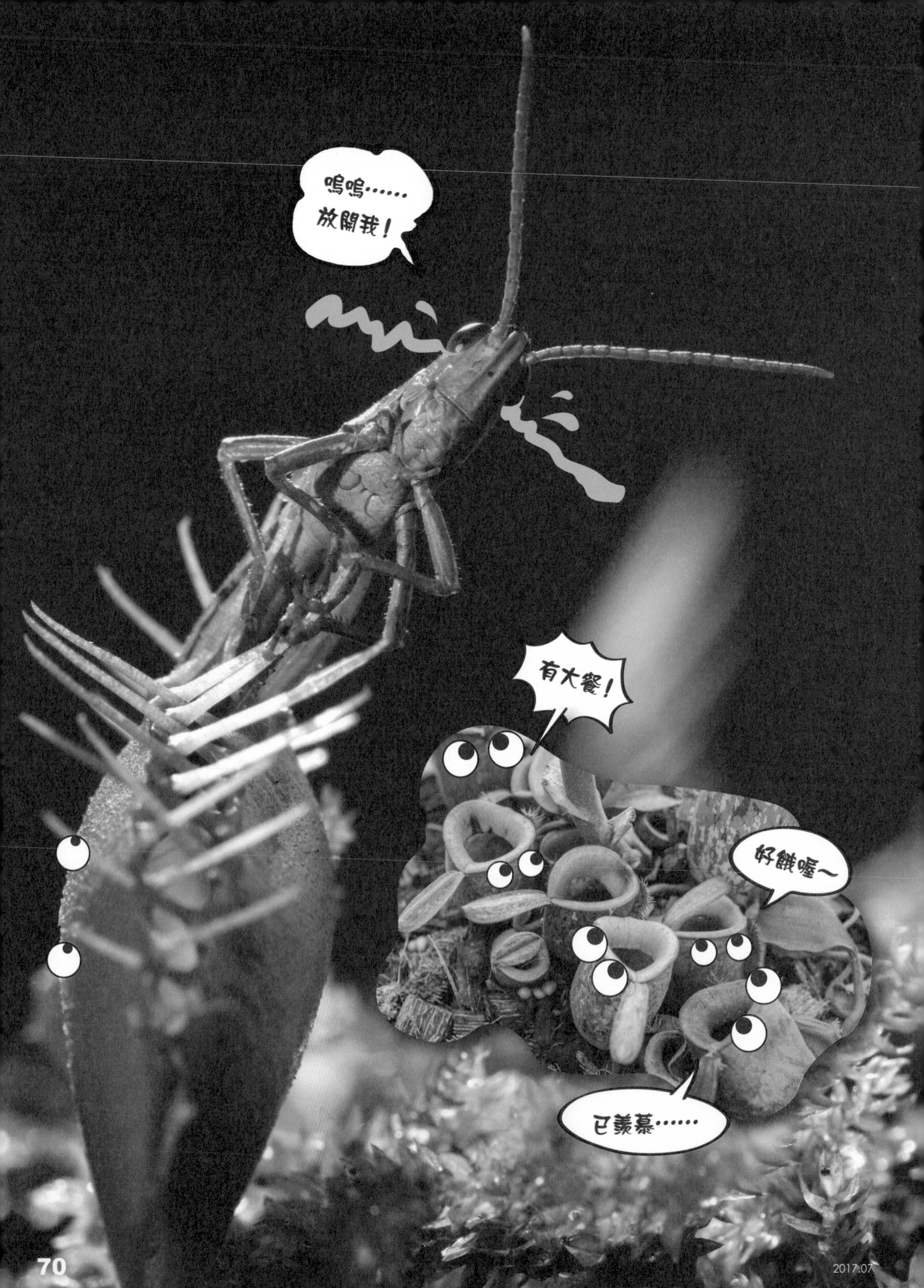
嗚嗚……
放開我！
有大餐！
好餓喔～
已羨慕……

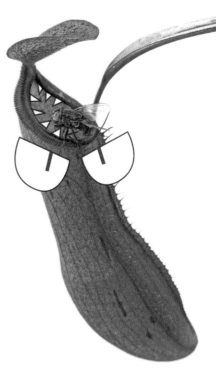

昆蟲終結者
肉食植物

自然界中，許多生物都以植物為食，看起來柔弱、無法逃跑的植物似乎只能默默的任其宰割、反抗不了。但，真是如此嗎？有一群特殊的植物可是會盡情享用昆蟲大餐呢！

撰文／張亦葳

你看過或玩過寶可夢（Pokémon）的卡通或遊戲嗎？裡面有隻叫喇叭芽的寶可夢，身體具有根、莖、葉，很顯然是株植物，黃色的頭看起來呆呆、可愛可愛的，口中卻能噴出溶解力超強的液體，會以昆蟲寶可夢為食。當它完成第一階段進化後，就變身為口呆花；第二階段進化後，再變身為大食花，可散發甜甜的香氣吸引獵物，然後把獵物一口吞進肚子裡溶解掉。

另外還有隻叫尖牙籠的寶可夢，棲息在森林和沼澤中，主要也是以昆蟲寶可夢為食，同樣會用甜甜的唾液吸引獵物靠近，再一口咬住。

我想，很多人應該會覺得這些寶可夢看起來很眼熟，因為它們的造型設定並非是完全虛構出來、無中生有的。像喇叭芽、口呆花和大食花的外形和特徵源自豬籠草，而尖牙籠的外形和特徵則是源自捕蠅草。豬籠草和捕蠅草都屬於植物中非常特殊的肉食植物，的確會吸引昆蟲、用陷阱捕獵昆蟲、把昆蟲當成食物！其中捕蠅草就是世界上最早被發現的一種肉食植物呢！

最早被發現的肉食植物

約在 1760 年，英屬美洲殖民地北卡羅來納的總督多布斯（Arthur Dobbs）所寫的信裡曾提到，他在當地的某個沼澤發現了一種能捕捉蒼蠅的敏感植物，並且這麼形容它：「任何東西碰觸到其葉片或掉落至葉片間，葉片就會像捕獸夾一樣立刻閉合，把昆蟲或其他東西牢牢困住。」這封信在植物學家納爾遜（Charles Nelson）的捕蠅草傳記中被引用，是世界上最早描述捕蠅草的文字資料。

圖片來源：達志影像

達爾文說：「捕蠅草是世界上最美妙的植物之一！」

▲ 埃里斯所附的捕蠅草手繪圖，左上角寫著 Venus Flytrap，為捕蠅草的英文名稱。

幾年之後，植物學家埃里斯（John Ellis）取得這種植物的樣本，為它取了個拉丁文學名：*Dionaea muscipula*，其中的 Dionaea 源自希臘女神維納斯母親之名。埃里斯還特地寫信向林奈（生物分類學之父）介紹捕蠅草的特徵，並附上一張手繪圖。

只不過呀，捕蠅草獨特的捕蟲動作顛覆了當時大家對植物特性和植物地位的既有概念，因而引起了長時間的爭論。包括林奈在內的許多科學家，非常執著於分類學已有的僵化定位——植物比動物低等的定位，即使親眼看過捕蠅草的葉片閉合和消化過程，還是不斷找一些理由解釋，例如：昆蟲是運氣不好才掉到捕蠅草上、昆蟲是自願留在捕蠅草體內……之類的，不想去承認捕蠅草真的會「吸引」或「捕獵」，甚至「消化」昆蟲。

一直到 1875 年，仔細研究了多種肉食植物的達爾文（沒錯 就是你知道的那位演化學之父）把相關成果出版成《食蟲植物》（*Insectivorous Plants*）一書，才算確立了植物會以昆蟲為食的理論。

肉食植物到底是什麼？

肉食植物（Carnivorous plants）或稱食蟲植物，泛指可利用特化構造吸引或捕捉獵物並獲得其養分的特殊植物，獵物以昆蟲為主。嚴格說起來，這些植物並非完全肉食性，而是藉由吃昆蟲來讓自己所攝取的營養更豐富、更多變化。

我有問題！

肉食植物一直吃不到昆蟲就會餓死嗎？

基本上它們仍是植物，體內含有葉綠體，可進行光合作用，自行製造生長所需的養分——用陽光、水和二氧化碳為原料，經過一連串複雜的反應之後，產生氧氣和葡萄糖。所以，就算肉食植物吃不到昆蟲也不會餓死，除非沒辦法進行光合作用！但若它們的生長環境太過貧瘠，也可能發育不良。

目前，世界上約有 600 種肉食植物，大概只占全部植物種類的千分之二左右，比例相當低，獨特性卻相當高。雖然大多數的肉食植物，都會自行分泌出具有消化酵素的消化液，直接消化分解所捕捉到的昆蟲；但仍有少數無法產生消化酵素和消化液，必須透過微生物或小動物的協助，才能間接的攝取到昆蟲的養分。不過，某些科學家並不同意將後者視為真正的食蟲植物。

那麼，為什麼會出現這些特殊的肉食植物？你不妨想想看，當植物生長的環境中缺乏合成蛋白質所需的氮元素時，例如沼澤、濕地之類的環境，植物沒辦法以根部從土壤中吸收足夠的氮元素，該怎麼辦呢？在這種狀況下，某些可透過特化的葉片構造獲取額外氮元素的植物勢必能長得比較好，而不會遭到淘汰。經過漫長時間的演化之後，就出現了各式各樣、能捕食昆蟲以補充氮元素的肉食植物。

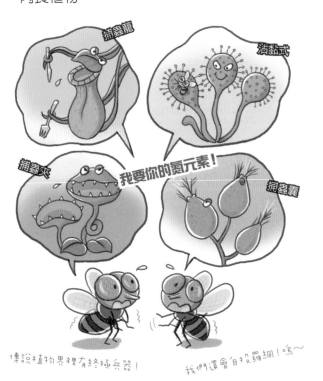

捕蟲籠　沾黏式　捕蟲夾　我要你的氮元素！　捕蟲囊

傳說植物界裡有終極兵器！　我們還會自投羅網！嗚～

繪圖：林麗娟

肉食植物怎麼捉蟲？

整體而言，肉食植物捕食昆蟲的過程大致分為三階段：

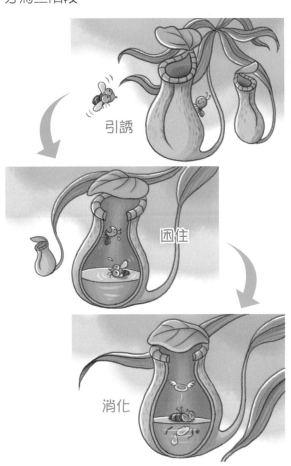

引誘

困住

消化

肉食植物通常會利用顏色、氣味或蜜汁引誘昆蟲，再以特化的捕蟲構造使昆蟲無法逃脫，最後直接或間接消化昆蟲、獲得養分。其中，捕蟲構造可不只一兩種而已喔，除了捕蠅草的捕蟲夾、豬籠草的捕蟲籠之外，還有沾黏式、囊型、壺型等不同類型的陷阱。這麼多樣化的捕蟲方式，其實並非單一演化事件的結果，很多植物類群是各自發展出類似的食蟲能力，稱為「趨同演化」。

現在，就讓我們一起來認識一些肉食植物的外形、特徵和捕蟲方式吧！🄢

寶特瓶豬籠草
捕蟲籠很巨大，可達 40
公分高。

馬來王豬籠草
也以巨大的捕蟲籠出名，偶然會捕獲小型
哺乳動物。

白環豬籠草
捕蟲籠脣下有一圈密集的白色
絨毛，只吸引一種會以這些白
環為食的夜行性白蟻，是很少
見的食性專一種類。

蘋果豬籠草
捕蟲籠通常不超過 10
公分高，幾乎沒有蜜
腺，籠口寬大、籠蓋
後翻沒有遮蔽，似乎
對於捕蟲沒有興趣。

二齒豬籠草
內部有弓背蟻築巢，他們會阻
擋陷阱內的昆蟲逃跑，也會游
入消化液中偷一些東西吃，和
豬籠草之間互利共生。

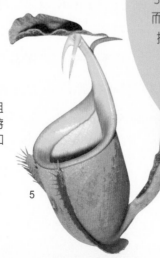

大肚腩－豬籠草
豬籠草科

口袋★★★｜甜蜜★★

利用葉片特化的「捕蟲籠」來捕食昆蟲。籠口的蓋
子主要功能是擋雨，並不會蓋起來阻止昆蟲逃走。
而蓋子的下表面通常有蜜腺，可分泌蜜汁吸引昆蟲。
捕蟲籠內壁的蠟質區很光滑，或是有的籠口有特
殊結構，遇水可形成光滑的膜，一旦昆蟲掉落
其中便難以爬出，最終昆蟲會被淹死在內壁
消化腺所分泌的酸性消化液中，然後逐
漸被消化分解。

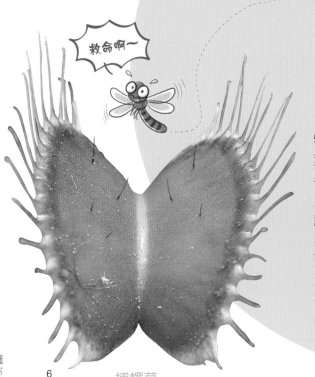

救命啊～

長睫毛－捕蠅草
茅膏菜科

速度★★★｜甜蜜★★

特化的「捕蟲葉」以中脈為界、分為左右對稱的兩瓣構造，葉緣長有齒狀的刺毛，葉面內側通常有三對很細小的感覺毛。葉片平時會敞開，葉緣的蜜腺會分泌甜甜的蜜汁吸引昆蟲。當昆蟲靠近葉面、並且在短時間內（約 20 秒）碰觸到感覺毛二次，就會使葉片迅速閉合、夾住昆蟲。昆蟲不斷掙扎的過程中，葉片愈夾愈緊，直到幾乎密合而無法動彈。同時葉片會分泌含有蛋白酶的消化液，將昆蟲體內的蛋白質分解。等到幾天甚至一星期之後，養分吸收完畢，捕蟲葉才再度打開。

6

捕蠅草
捕蟲葉的葉緣有刺毛、葉面內側有感覺毛。

7

大肉餅毛氈苔

小毛氈苔 8

黏黏手－毛氈苔
茅膏菜科

黏著★★★｜捆捲★★

特化出球形、匙形或長條形的捕蟲葉，表面密生腺毛，腺毛的頂端會分泌像膠水一樣的黏液，當昆蟲被引誘至葉面，就被黏住，同時觸動腺毛、使其他腺毛同時捲曲，把昆蟲困住再消化分解掉。

好望角毛氈苔
長條形捕蟲葉因向觸性而捲曲，將昆蟲包覆在內。

9

墨蘭捕蟲堇
夏天時植株較大，肉質葉
約 10 公分長，可捕食小
昆蟲；冬季時植株較小，
肉質葉不具捕食能力以節
省能量。

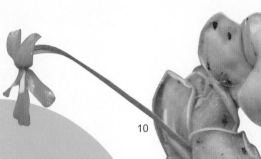

10

12
大花捕蟲堇

花陷阱－捕蟲堇
狸藻科

黏著★★★｜美貌★★

肉質葉片呈旋疊狀，葉面分布著二種腺體，
一種分泌黏液，另一種則分泌消化液，同時
捕捉並消化昆蟲。某些種類的葉緣稍微向
上彎，當昆蟲被雨水沖到葉緣，葉緣
就會受到刺激而旋捲把昆蟲包起
來，再進行消化分解作用。

11
巨大捕蟲堇

紫瓶子草
瓶蓋佈滿刺毛，讓昆蟲誤
以為很好爬，其實卻很容
易失足跌落瓶中。

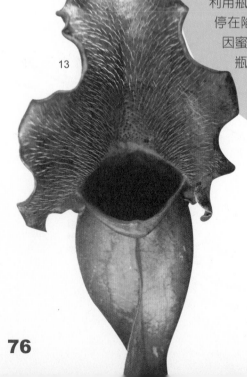

13

大嘴巴－瓶子草
瓶子草科

口袋★★★｜甜蜜★★

成熟葉片特化成漏斗狀的「捕蟲瓶」，通常
利用瓶口附近的蜜腺所分泌的蜜汁吸引昆蟲
停在陷阱邊緣，等到昆蟲不小心掉入，或
因蜜汁內含的毒素麻痺後，就會淹死在
瓶中的消化液裡，和豬籠草的捕蟲
方式有點類似。

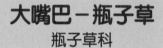

15
馳曼塔山太陽瓶子草
委內瑞拉特有的食蟲植物，以
暗紅色蜜腺所分泌的蜜汁將昆
蟲引入捕蟲瓶內。

14

眼鏡蛇瓶子草
捕蟲瓶上方呈球狀並向前膨大，表
面有大量的透光白色斑紋，會讓昆
蟲搞不清楚出口的位置而受困。

圖片來源：Wikimedia Commons/（圖 11）、NoahElhardt（圖 10.14）、Isidre blanc（圖 12）、Michal Klajban（圖 13）、Andreas Eils（圖 15）

圖片來源：Wikimedia Commons/（圖 19）、H. Zell（圖 16）、Michal Rubes（圖 17）、Flickr/ Harry Rose（圖 18）、Dinesh Valke（圖 20）；繪圖：林麗娟

刺鉤脣－土瓶草
土瓶草科

口袋★★★｜迷惑★★

分類上不屬於豬籠草，也不屬於瓶子草，但其特化的捕蟲陷阱也是瓶型的，內含消化液，外面的蓋子上有透明的斑紋，可迷惑昆蟲。瓶口光滑，昆蟲很容易站不穩而掉落瓶中。

土瓶草
在光照下生長會呈現斑斕的色彩。

16

我害怕！！

吸吸包－狸藻
狸藻科

吸星大法★★★｜美貌★★

生存在水中和潮濕的環境中，具有特化的「捕蟲囊」，囊內處於負壓狀態，平常呈瘦凹狀，囊口周圍有觸毛。一旦這些觸毛被碰觸到，囊口就會打開並產生強大吸力，把獵物連同水一起迅速吸入囊中，再進行消化分解。除了小動物，狸藻也攝食藻類、花粉等東西供其生長。

18

黃花狸藻的花

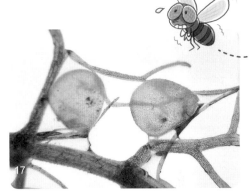

17

黃花狸藻
捕蟲囊裡有水中小生物的殘渣。它連孑孓都能捕食。

作者簡介

張亦葳　臺灣師範大學生物系畢業、美國麻州波士頓學院教育碩士，曾經是國高中生物老師，喜愛文字、科學和所有美好的人事物，相信生命的無限可能。

19 絲葉狸藻的花

20 圓葉狸藻的花

臺灣有本地土生土長的肉食植物嗎？

現在臺灣有很多人喜歡栽種肉食植物，其中大家最熟悉的豬籠草或捕蠅草其實都來自國外。臺灣原生的肉食植物只有二科——茅膏菜科和狸藻科，共約十幾種，其中比較容易看到的有小毛氈苔、黃花狸藻、絲葉狸藻、圓葉狸藻，其他種類可能因為環境污染的關係，已經很難找到。

昆蟲終結者——肉食植物

國中生物教師 沈秀妃

關鍵字：1. 肉食植物　2. 趨同演化　3. 互利共生

主題導覽

全世界的肉食植物雖然都有捕蟲的共同技能，但在親緣關係上卻相差很遠，分別來自植物界中不同的 10 個科，17 個屬，大約 600 多種，它們多半生長在貧瘠的酸性沼澤區，或裸露的岩石上。迫於長期資源匱乏的生存壓力，這些身處不同環境地域的植物不約而同的演化出獵蟲工具——捕蟲器。這些捕蟲器形式不同卻各有巧妙，正是自然界「趨同演化」的最佳範例。

臺灣原生的肉食植物有 2 科共計 11 種，它們有二種不同的捕蟲方式，接下來就讓我們來一同了解臺灣的原生肉食植物吧！

第一類為茅膏菜科

這類植物一般都長得矮小，它們的葉片上有許多腺毛，會分泌高糖分的黏液來誘捕螞蟻、飛蠅等昆蟲，當牠們被黏住，愈掙扎愈引發腺毛和葉片的彎曲作用，深陷在腺毛中的昆蟲被消化酶分解吸收，最後

金錢草

只剩乾癟的軀殼。目前臺灣茅膏菜科的肉食植物有茅膏菜、金錢草、長葉茅膏菜與小毛氈苔 4 種。位於新竹縣北端的蓮花寺是臺灣僅存的幾個茅膏菜科生育地之一。

長葉
茅膏菜

第二類為狸藻科

臺灣另一類肉食植物為生長在水中或極為潮濕地帶的狸藻科植物，它們以捕蟲囊來捕食，當水中生物碰到捕蟲囊開口的機關毛，囊口將會開啟並產生負壓將獵物吸入囊中，可分泌酵素，等待蟲體消化後分解吸收。本科有黃花狸藻、絲葉狸藻、南方狸藻、圓葉狸藻、挖耳草、長距挖耳草與紫花挖耳草等 7 種。

其中黃花狸藻、絲葉狸藻和南方狸藻是水生的。黃花狸藻是大型沉水性肉食植物，葉子裂片間有許多深黑色捕蟲囊，開黃花，結球形蒴果，成熟果實上有紅色斑點；在臺灣僅在宜蘭雙連埤、臺北士林、汐止的新山夢湖發現其蹤跡。除了水生的植物外，圓葉狸藻、挖耳草、長距挖耳草和紫花挖耳草等 4 種則生長在濕潤土壤或潮濕岩壁間。它們的植株都非常小，像圓葉狸藻的

繪圖：臺大昆蟲所林冠妤

葉片直徑只有 1~2 公厘，它會抽出長長的花軸並開出小花；至於長距挖耳草在新竹蓮花寺及金門田埔濕地都有發現，它會捕食土壤內的線蟲。

食肉植物的新發現

在植物走向肉食的道路上，選擇合適的夥伴會給雙方帶來意想不到的好處。這種互利共生關係在食肉植物中廣泛存在。

印度的學者曾做過研究，以紫外光照射後，觀察到捕蠅草的捕蟲葉內側，豬籠草及瓶子草的籠蓋、捕蟲囊內側及脣上緣發出藍色螢光。原來發光的籠脣就像是個吸睛的停機坪，可吸引飛行昆蟲及老鼠、蝙蝠及樹鼩等小型哺乳類前來。

南非捕蟲樹的枝條布滿類似樹脂的黏液，它卻沒有消化酶，無法消化捕捉到的獵物。而住在樹上的刺椿身上演化出了獨有的蠟質，確保自己不會被樹脂黏住，如此一來，牠在黏液間暢行無阻，但是其他被捕捉的昆蟲則會成為刺椿的大餐。當刺椿的消化道將易於吸收的糞肥排泄在枝葉上，捕蟲樹便因此獲得養分。

分布在北美至加拿大的紫瓶子草，不具有消化酶、無法分解獵物，它們借助瓶中水池裡寄居的底棲生物，如底層的搖蚊幼蟲會嚼碎昆蟲屍體吐出小顆粒，而上方有北美瓶草蚊幼蟲，牠的口器像刷子，能形成強烈水流以吸入小顆粒，二者都向水中排放糞便，裡面包含了紫瓶子草能夠直接吸收的營養，這是專一性的互利共生。

婆羅洲基納巴盧山上的二齒豬籠草，利用籠蓋分泌花蜜，而二個尖齒可能有吸引昆蟲的作用，當昆蟲滑落籠中，住在豬籠草的中空卷鬚內的弓背蟻便游入消化液中偷吃食物，但牠們會清理籠口邊緣的真菌菌絲和其他汙染物，並在籠口分泌黏液，防止雨水或其他昆蟲進入搶食或破壞，也會擊退前來吃植物新芽的植食性昆蟲，當獵物到達捕蟲籠時，還會埋伏讓獵物掉落籠內，並攻擊新捕獲的昆蟲以防止逃脫，這也是互利共生。

肉食植物也會與哺乳動物形成共生關係，基納巴盧山上還生長著馬來王豬籠草，它的籠蓋分泌蜜汁吸引山樹鼩等小動物前來舔食，山樹鼩一般只在白天活動，牠的身長大小正適合攀在瓶緣，然後將馬來王豬籠草當成天然馬桶，這些掉入的糞和尿便成為豬籠草的營養。 到了夜晚，豬籠草改吸引巴魯大家鼠前來進食和排泄，但體型較小的牠有時會滑落瓶內，反而成為食物。這種豬籠草瓶底生活著馬來王庫蚊和馬來王巨蚊的幼蟲，它們不但不會被消化液分解，還以籠內捉到的昆蟲為食，協助消化獵物並供應排泄物來回饋。

哈氏彩蝠則與赫姆斯利豬籠草共生，牠的體長小於四公分，住在捕蟲籠內可獲得遮蔽也無寄生蟲干擾，母蝙蝠甚至會和自己的孩子擠在同一個捕蟲籠裡。研究發現，赫姆斯利豬籠草的籠口具有獨特的「回聲反射內壁」結構區，可產生特殊回聲信號

吸引哈氏彩蝠。這種豬籠草靠蝙蝠的糞尿補充所需營養。

有些食肉植物改素食，例如蘋果豬籠草儘管仍然具備一個水罐似的陷阱，但是其內部不再分泌蛋白消化酶，而是敞開大口，依靠消化落葉來補充營養。

這些新發現讓我們驚嘆大自然天擇演化的神奇力量，也更了解並堅持著珍惜生物多樣化的決心！

挑戰閱讀王

看完〈昆蟲終結者——肉食植物〉後，請你一起來挑戰下列的幾個問題。

答對就能得到👍，奪得 10 個以上，閱讀王就是你！加油！

（　）1. 下列何者不屬於肉食植物？（這一題答對可得到 2 個👍哦！）
①小毛氈苔　②火龍果　③黃花狸藻　④豬籠草

（　）2. 肉食植物透過綠色的葉片行光合作用，以獲得維持生命的養分，由此觀點它的生態地位應為下列何者？（這一題答對可得到 2 個👍哦！）
①生產者　②消費者　③清除者　④分解者

（　）3. 肉食植物透過各種變態葉捕食昆蟲，以獲得所生活貧瘠土地中缺乏的哪種養分？（這一題答對可得到 2 個👍哦！）
①氧氣　②鉀肥　③氮肥　④醣類

（　）4. 肉食植物透過各種變態葉捕食昆蟲，加以消化吸收以獲得所生活貧瘠土地中缺乏的養分，由此觀點它的生態地位應為下列何者？（這一題答對可得到 2 個👍哦！）
①生產者　②消費者　③清除者　④分解者

（　）5. 二齒豬籠草內有弓背蟻築巢，牠們會阻擋陷阱內的昆蟲逃跑，也會游入消化液中偷一些東西吃，由此可知它們二者間的關係為下列何者？（這一題答對可得到 2 個👍哦！）
①互利共生　②片利共生　③寄生　④捕食

延伸思考

　　小毛氈苔、狸藻等肉食植物需要吃昆蟲以獲得氮元素，曾有學生因為幫豬籠草施肥，而使得所有新長的葉片末端全都不再分化出捕蟲籠。最近研究人員發現，某些肉食植物經由消化昆蟲取得的氮下降，而從根部吸收的氮則增加。由於汙染造成土壤裡的含氮化合物過高，使得肉食植物不再需要捕蟲的構造。當環境中的含氮化合物累積愈多，肉食植物便愈會減少引誘昆蟲的行為，單純從土壤吸收氮。

1. 這樣的結果可能讓植株更為強壯，對個體來說是種優勢，但對整個族群來說是好事嗎？
2. 當肉食植物失去其獨特性，轉而依賴土壤中的氮源，變得與一般植物無異，會使競爭者增加還是減少呢？

科學少年 SCIENTIFIC AMERICAN 科學人 雜誌

科學少年
一直都有新發現

為延續遠流《科學人》推廣科普教育的精神，

只要對這個世界抱有好奇，人人都可以是科學少年，因而創辦《科學少年》雜誌。

希望《科學少年》雜誌秉持前進的精神，

為孩子進入國中分科教育作準備的科學前導讀物，

在內容上不斷精進，陪伴讀者們一直都有新發現。

適讀對象 9-14 歲孩子；關心孩子教育的家長；自然科學領域教師；再給科學一次機會的人

教師熱情推薦

林育萱 / 新北市丹鳳國小

《科學少年》不僅適合學生閱讀，也是我在準備自然、獨立研究課程的好幫手，許多主題都非常適合引導學生去探索、思考，從中延伸更多的學習內容。

林季儒 / 基隆市銘傳國中

在推動閱讀的過程中，一直不斷的嘗試尋找適合孩子們的科普閱讀延伸教材：既需要有鑑別度，還要能吸引孩子動手操作，最好還能跟學校課程教材相結合！《科學少年》簡直是三個願望一次滿足！

陳玟伶 / 臺南市金城國中

閱讀《科學少年》，不僅可以增加課外知識，對於科學知識的理解，透過雜誌圖文並茂的文章、圖表介紹、卡通漫畫等方式的呈現，比起閱讀課本，更來得生動有趣，也激發了學生對某些科學議題的興趣。

鄭心筠 / 臺北市弘道國中

淺顯易懂的文字，充滿趣味與知識的主題，讓《科學少年》內容開始成為孩子們聊天的主題，不再畏懼過往恐懼、排斥的科普文章。

附 線上學習單

由第一線自然科教師設計，
幫助孩子有效學習，
培養扎實的科學力。

優惠訂閱方案

《科學少年》三年36期
新訂**8,000元** | 續訂**7,600元** （原價10,800元） 免費加贈 《科學少年》雜誌6期

《科學少年》二年24期
新訂**5,600元** | 續訂**5,200元** （原價7,200元） 免費加贈 《科學少年》雜誌4期

《科學少年》一年12期
新訂**2,980元** | 續訂**2,680元** （原價3,600元） 免費加贈 《科學少年》雜誌2期

立即訂閱

解答

是好醣還是壞醣？

1. （1）醣類 （2）澱粉酶

2. 醣類進入到胃時，不會被消化，進入到小腸才會進行消化，此時會被腸液及胰液進行分解。

3. 在肝臟或是肌肉細胞會將血糖轉換成肝糖，並儲存起來以備不時之需。另一種是細胞會進行呼吸作用，其反應式為葡萄糖（血糖）＋氧氣→水＋二氧化碳＋能量。

4. 麥芽糖是由兩個葡萄糖所形成，蔗糖是一個葡萄糖及一個果糖，乳糖則是由一個葡萄糖與一個半乳糖。

5. 寡糖的特性是難消化，所以食用後血糖值不易增高，對於愛吃甜食卻不能吃的特殊需求者可以適量攝取。適量的情況下，寡糖能促進腸道蠕動，改善便祕或腹瀉等問題，並使腸道益菌數提高，改變腸道裡的菌落分布，也能降低毒素的吸收、預防罹患腸癌和腸炎、改善血脂問題等。

6. 纖維素是植物的細胞壁主要成分，是保護植物的物質。甲殼素也就是幾丁質，可形成真菌的細胞壁及節肢動物的外骨骼，保護著生物體。

7. （1）

小種子大世界

1.（3） 2.（2） 3.（1） 4.（4） 5.（4） 6.（1）

種子的旅行

1.（1） 2.（3） 3.（4） 4.（2） 5.（4） 6.（3）

大地的寶藏——珍貴卻不昂貴的化石

1.（3） 2.（2） 3.（1） 4.（3） 5.（4）

你吃的是植物的生殖器官嗎？

1.（1） 2.（2） 3.（3） 4.（4） 5.（4）

血液裡的祕密

1.（4） 2.（1） 3.（2） 4.（2） 5.（3）

昆蟲終結者——肉食植物

1.（2） 2.（1） 3.（3） 4.（2） 5.（1）

科學少年學習誌
科學閱讀素養 ◆ 生物篇 1

編者／科學少年編輯部
封面設計／趙璦 美術編輯／沈宜蓉、趙璦
行銷企劃／王綾翊
特約編輯／歐宇甜
科學少年總編輯／陳雅茜
科學媒體事業部總監／張孟媛

發行人／王榮文
出版發行／遠流出版事業股份有限公司
地址／臺北市南昌路 2 段 81 號 6 樓
電話／02-2392-6899　傳真／02-2392-6658
郵撥／0189456-1
遠流博識網／www.ylib.com　電子信箱／ylib@ ylib.com
ISBN／978-957-32-8770-4
2020 年 5 月 1 日初版
版權所有‧翻印必究
定價‧新臺幣 200 元

國家圖書館出版品預行編目

科學少年學習誌：科學閱讀素養生物篇1／科學少年編輯部編．--初版．--臺北市：遠流，2020.05

88面；21×28公分．

ISBN 978-957-32-8770-4（平裝）

1. 科學 2. 青少年讀物

308　　　　　　　　　　109005008